从容淡定做自己

莘　子　编著

吉林文史出版社

图书在版编目（CIP）数据

从容淡定做自己 / 莘子编著. -- 长春 : 吉林文史出版社, 2020.5（2024.8重印）

ISBN 978-7-5472-6800-1

Ⅰ. ①从… Ⅱ. ①莘… Ⅲ. ①人生哲学–通俗读物
Ⅳ. ①B821-49

中国版本图书馆CIP数据核字(2020)第048399号

从容淡定做自己
CONGRONGDANDINGZUOZIJI

编　　著　莘　子
责任编辑　张雅婷
封面设计　末末美书
出版发行　吉林文史出版社有限责任公司
地　　址　长春市福祉大路5788号
电　　话　0431-81629353
网　　址　www.jlws.com.cn
印　　刷　北京永顺兴望印刷厂
开　　本　880mm × 1230mm　1/32
印　　张　4
字　　数　80千
版　　次　2020年5月第1版　2024年8月第2次印刷
定　　价　19.80元
书　　号　ISBN 978-7-5472-6800-1

前 言

\PREFACE\

从容是一种心态，更是一种境界；淡定是一种力量，也是一种智慧。从容淡定的女人，不是与世隔离，而是内心安宁；不是避开车马喧嚣，而是在心中修篱种菊；从不执于一念，但却握紧幸福。

无论外界风起云涌、世事变迁，淡定的女人内心总是一派处事不惊、安详宁静。任光阴荏苒，任青丝染成白发，淡定的女人总能寻找到生活的乐趣，总能发现美丽的风景，哪怕内心一次次受伤，哪怕生活一次次受挫，淡定的女人却更加宽容、更加优雅，更懂得呈现出历尽沧桑却依然随遇而安的美丽！

一个人的幸福感来自哪里？它来自内心的淡定和坦然。要生活得幸福，前提是看清身外之物的得与失，从容淡定做自己。患得患失的人，不会有开阔的心胸，不会有坦然的心境，也不会感受到真正的幸福。

幸福，不是金山银山，不是奢华至极，不是前呼后拥，而是每一个生活愿望的达成。当你想吃的时候有的吃，想被爱的时候有人来爱你。在这忙碌的世界里，生活的焦虑、工作的压力、家庭的负担常常让人变得苦恼与烦躁。欲望无止境，欲壑终难填，一味追名逐利的人是难以拥有幸福的。如果能静下心来，珍惜现在的拥有，你会发现幸福其实就在你的身边。

生活是一条宽阔的河流。从容淡定，静水流深，是一种姿态，更是一种品质。女人只有在远离了繁华与喧嚣彻底安静下来的时候，才会审视自己的内心，找到那个真实的自己，从容淡定地投入生活，不急不躁，淡泊宁静。

当你脱离喧嚣的世界，沉静下来感受生活的时候，才会发现人生最美的景色，竟是内心的淡定与从容。从容淡定，是一种积极的生活态度，是智慧的不争，是宠辱不惊，也是对简单生活的一种追求，但它绝不是平庸。平庸的女人没有太大的能力，只是平凡地生活着。然而，淡定的女人却有着较高的修养，她们有能力争取自己想要的一切，却不完全看重这一切。

这世界复杂又温柔，唯有从容淡定，才能找到爱情和幸福，活出真正的自己，活出漂亮的自己。

目 录

\CONTENTS\

第一章

心有自信，便是从容

把自卑扔到外太空

自卑感产生的原因只有一种：我们没有用适合自己的“尺度”来判断自己，而用某些人的“标准”来衡量自己。

至少有95%的女人，其生活多少要受到自卑感的干扰。自卑感之所以会影响我们的生活，并不是由于我们在技术上或知识上的不如意，而是由于我们有不如人的感觉。不如人的感觉，产生的原因只有一种：我们不是用适合自己的“尺度”来判断自己，而用某些人的“标准”来衡量自己。如果这样做，毫无疑问地，只会带来次人一等的感觉。

世界上没有两片完全相同的树叶，也没有两个完全相同的人，你没有必要拿别人的优秀来对比自己的不足。记住：你不“卑下”，也不“优越”，你只是“你”。

你作为一个个体，不必与别人比较高下，因为地球上没有人和你一样。你是一个人，你是独一无二的，你不“像”任何一个人，也无法变得“像”某一个人，没有人“要”你去像某一个人，也没有人“要”某一个人来像你。

记住：不要无端地拿他人的标准来衡量自己，因为你不是“他人”。只要你了解这个简单、明显的道理，接受它，相信它，你的自卑感就会消失得无影无踪。

卡耐基的夫人曾说：“我们不能够改变一个人的为人——即使我们能够，我们也不会这样做。我们所能做的只是帮助一个人，更有效地运用他所具有的天赋才能和任何优点。……我们不能把人内心里所没有的资质给他们，但可使他认识自身的资质，并鼓励他去开发自己的资质。”

这番话就是启示和希望人们肯定自我，视自己为一个有价值的人，并因为真正有了自信而达到自己所向往的目标。

保持自己的本色

你应该为自己是这个世界上全新的个体而庆幸，应该充分利用自然赋予你的一切。从某种意义上说，所有的艺术都带有一些自传体性质。

充满自信地在他人面前展现一个本色的自我吧，不必为讨好他人而刻意改变自己，尽力成就真实的自我，用你的坦诚赢得他人的坦诚，以自信的步伐行进在人生的路上——这才是人生的真谛。

“如何保持自己的本色，这一问题像历史一样古老，”詹姆斯·季尔基博士说，“也像人生一样的普遍。”不愿意保持自己的本色，包含了许多精神、心理方面潜在的原因。安古尔·派克在儿童教育领域曾经写过数本书和数以千计的文章。他认为：“没有比总想模仿其他人，或者做除自己愿望以外的其他事情的人更痛苦的了。”

美国素凡石油公司人事部主任保罗曾经与6万多个求职者面谈过，并且曾出版过一本名为《求职的六种方法》。他说：“求职者最容易犯的错误就是不能保持本色，不以自己的本来面目示人。他们不能完全坦诚地对人，而是给出一些自以为你想要的回答。”可是，这种做法毫无裨益，没有人愿意聘请一个伪君子。

你应该为自己是这个世界上全新的个体而庆幸，应该充分利用自然赋予你的一切。从某种意义上说，所有的艺术都带有一些自传体性质。你只能唱自己的歌，只能画自己的画，只能做一个由自己的经验、环境和家庭所造成的你。无论好坏，都要自己创造一个属于自己的小花园；无论好坏，都要在属于你生命的交响乐中演奏自己的小乐器。

千万不要模仿他人。让我们找回自己，保持本色。

美与丑主要取决于内在

再美貌的女子，也无法牵住逝去的岁月，无法红颜永驻。而内心的美，却将随着岁月的增加、心灵的日益净化，而越加显示它的光华，受到人们的敬重。

再不爱修饰的女人，都喜欢照镜子。当镜子映出自己那如花似玉的容颜时，喜悦之情不禁油然而生。是的，哪个女人不希望自己永远花容月貌？毕竟人都是爱美的。

那么，假如你没有花容月貌，不是绝代佳人，是不是就不美呢？应该说，每一个女人都有动人之处，都是美的，问题在你有没有发现自己潜在的美。

如果一个人自以为是美的，她真的就会变美。一个人如自惭形秽，那她就不会变成一个美人；同样，如果她不觉得自己聪明，那她就成不了聪明人；她不觉得自己心地善良，那她也就成不了善良的人。

为了美，一个女人必须自信，必须坚信自己的内心的美丽。有时你看到一个长相一般的女人，却觉得她是美的。她把你吸引住了，你看到她就感到愉悦，这是什么原因？就是因为她对自己的美丽的自信。世界上没有一种力量能比对美的自信更能使女人显得美丽。

可见，决定一个人美丽与否，主要不是外貌，而是心灵。一个人的外貌是无法选择的，而内在的美，却是可以由自己来塑造的。再美貌的女子，也无法牵住逝去的岁月，无法红颜永驻。而内心的美，却将随着岁月的增加、心灵的日益净化，而越加显示它的光华，受到人们的敬重。

无须顾虑别人对你的看法

把眼光盯住别人不放，以别人的方向为方向，总难超越别人。

要想成为现代自信女人，一定要努力培养自己的主见和独立性，不要让别人（或自己）的消极想法影响你的行为和事业。

把眼光盯住别人不放，以别人的方向为方向，总难超越别人。要想有成就，你得自己开路，而你所开的路是你自己的理想、见解与方式，所以是你所独有的。

美国有一位极令人敬佩的年轻黑人女士，她的芳名是罗莎·帕克斯，1955年的某一天，她在亚拉巴马州蒙哥马利市搭乘公车，理直气壮地不按该州法律规定让位给一位白人。她这个不服从的举动造成轩然大波，招来白人强烈的抨击，然而却也成为其他黑人效法的榜样，结果掀起了随后的民权运动，使美国人民的良知普遍觉醒，为平等、机会和正义重新界定出不分种族、信仰和性别的法律。罗莎·帕克斯当时拒绝让位，可曾想过自己会遭遇什么样的后果？她是否有什么能够改变现有社会结构的高明计划？我们不知道。然而我们相信，她对这个社会抱有更高期许，促使她采取这种大胆的行动。谁能想到这个弱女子的决定，却给后人带来深远的影响？

我们应该成为主宰自己生命的人。千万不要因他人的论断而束缚了自己前进的步伐。追随你的热情，追随你的心灵，唱出自己的声音，世界因你而精彩。

做当下该做的事

真正没有遗憾的人生，是在每一个年龄，就做那一个年龄段该做的事，不着急也不落后。

20岁就应该去恋爱，年轻就应该海阔天空去闯荡。如果在当时做了该做的事，年纪大了的时候，我们就不会遗憾；而那时候，年轻已不会再来，岁月仍然缓缓向前流去，我们总属于某一个年龄，不管20、30，还是40岁，每一个年龄都有它该做的事，过去尽管不再回来，但今天还没有结束，今天我们该做些什么呢？不可以再犯幼稚的错误，不要追求不实际的东西，倒是心里的小愿望，不能轻易让它溜走，要努力去实现。

我们要欣然接受自己的年龄，也接受这个年龄的限制和快乐，并最大限度地利用一切时机，充分发展自我，这是最理想的生活。

今天就是奋起直追的起点。不要再沉湎于昨天的一切，不要太幻想着明天的种种。回忆的昨天已经默默消失，企盼的明天还在沉睡。不要过多回忆昨天的一切，不要一味设想明天的蓝图。因为在此时，你正在失去，失去最宝贵的今天。

于是，哲人站在智慧之巅对我们说——人生无不徜徉于春秋与秋春之间，只要你始终用奋斗去充实自己，无论什么样的人生四季，都将奖赏你一个又一个如花似锦的希望和一步又一步坚实地登上理想之巅的收获！因此我们不该在夕阳下山的时候去幻想什么，而要在旭日初升的时候就投入到紧张的学习中，为美好的将来奋斗。

今天是奋起直追的起点。聪明的人抓住了今天，决不把今天的时光虚掷，因为他们懂得时间的性情，虚掷光阴就是在折损生命，奋起直追啊——日月匆匆，时间过得太快，等不得半点儿的"休息"。努力地、使劲地抓住今天，抓住了今天就掌握了获得知识的机会，抓住了今天就抓住了未来的明天！那么，就让我们静下心来，做当下该做的事，这是成就自信的保障。

要想自信还得勤奋

勤奋，能让丑小鸭变白天鹅，能使智力平平的女人走向自信，走向成功卓越！

只有勤奋，才是我们最靠得住的伙伴；只有勤奋，才能为我们指明前进的方向，助我们直达成功的圣地。而抛弃了勤奋，再聪明的人也会败下阵来，一旦失败，自信心必然会受到打击。所以，要想自信还得勤奋。

世界上留存下来的辉煌业绩和杰出成就无一例外都来自于勤勉的工作，不管是文学作品还是艺术作品，不管是诗人还是艺术家。鲁迅说得很清楚："其实即使天才，在生下来的时候第一声啼哭，也和平常的儿童一样，决不会就是一首好诗。""哪里有天才，我是把别人喝咖啡的工夫用在工作上的。"

梅花香自苦寒来，宝剑锋从磨砺出。勤奋，能让丑小鸭变白天鹅，能使智力平平的女人走向自信，走向成功卓越！勤奋，为我们构建了起飞的平台，助我们展翅遨游，创造出自己的美好明天。勤奋，是一种美德，是一种成功者必备的素质。

一个自信女人的背后绝对离不开“勤奋”二字，无论她有多么好的资质。学习知识必须踏实，好高骛远要不得，好吃懒做更要不得。只要你不懈耕耘，成功的阳光一定不会错过你的枝头。上帝是公平的，因为天道酬勤。只要我们的心灵没有荒芜，那片土地就一定有再绿的时候，只要我们手上还握着桨，我们就一定能够到达成功的彼岸。

正如有位名人所说：“成功与不成功之间只差别在一些小小的事情上，每天多做5分钟阅读，多思考一下，多努力一点儿，就能逐渐提高自己的能力，达到人生的巅峰。”

女人要想获得超人的自信，必须借助于勤奋的风帆。勤奋是我们从一无所有到名利双收的法宝。勤奋让一切变得如此简单，又如此美丽。

过去不等于未来

不管你过去如何，是好还是坏，是丑还是美，是如意还是不如意，一切都无关紧要，从你建立自信的那一刻起，世界完全改变了。

过去决定了现在，而不能决定未来，只有现在的选择和作为才能决定我们的未来。过去你可能不自信，过去你可能没有取得自己想要的成就，过上自己想要的生活，但是这又有什么关系呢？从今天开始，从现在开始（不能再耽搁了），我们要用发展的眼光看待自己，看待成功。目前的境况只是暂时的，只要你拥有自信，漫长的人生充满着未知数。

过去不等于未来，所以我们没有必要生活在过去的阴影里。所有令人感到不如意的事，所有令人感到难过的事，都已经是昨天的事了，都已经是过去式了，潇洒地跟过去说一声“再见”吧！昂起你的头颅，喊声“起步走”，以现在为起点大踏步前进吧，美好的生活在向你招手！

真心真意地热爱自己

只有首先学会热爱自己，你才会真正懂得爱这个世界。

热爱自己是自信人生的起点。要想做个自信女人，你就一定要学会爱自己，精心经营自己的美丽，储藏自己的精力，关爱自己的健康，呵护自己的心灵，使自己无论何时何地，遇到何事何物都能淡定从容。

热爱自己，是源于对生命本身的崇尚和珍重，它可以让我们的生命更为丰满、更为健全，让我们的灵魂更为自由、更为豁达，让我们成为自己精神家园的主人！

只是，明白这个道理需要一个过程。

随着年龄的渐长，你就会明白女人生命中最重要的一条法则：在自信、自强之前，先要自爱。

热爱自己，有太多的理由，也有太多的方式，可惜没有一个课本列出详细的课程来教女人如何爱自己。然而，女人应该学好这样一课：在爱别人之前，要先学会爱自己，学会怎样珍惜自己，怎样让自己活得精彩，不成为别人的附庸。

英国作家毛姆说，自尊、自爱是一种美德，是促使一个人不断向上发展的一种原动力。痛苦与磨难是生命必经的，你只能靠你自己；跨越一些生命中必然要遇到的难题和障碍，也只有你自己。

然而，许多女人都在迷惘、困惑的路上迷失了自己，不知道该往哪个方向走，不知道怎样为自己找到一条充满阳光的大道。其实每个人活着都不完全是为了自己，我们还有亲人、朋友，所以在感到迷茫，在对生活失去信心、对未来失去勇气之时，我们还要想想身边的亲人与朋友，这些关切的目光告诉我们：要坚强地学会爱自己。

因此，你没有理由不好好爱自己，应该学会在失败时给自己打气。为了父母、朋友和兄弟姐妹，更为了自己，你要学会好好爱自己，因为爱自己就等于爱那些疼你、关心你的亲人和朋友。

所以，亲爱的，在我们走出去影响世界之前，让我们首先爱上这个虽不完美但依然优秀的自己。

只有首先学会热爱自己，你才会真正懂得爱这个世界。

学会热爱自己，不是让我们自我姑息、自我放纵，而是让我们学会律己。我们拥有的关怀和爱随时都有失去的可能，我们必须学会为自己修枝剪叶、浇水施肥，使自己不会沉沦为一棵随风的草。

学会热爱自己，是让我们在寂寞难耐、孤独无助、困苦无援的时候，在必须独自穿行凄风苦雨的长巷的时候，在没有人与我们共同承担人生磨难的时候，自己给自己一个坚定的笑容，自己给自己送一朵娇艳的鲜花，自己给自己一颗柔韧的心灵。

学会热爱自己，就是要让自己时刻保持对自我的充分信任，用时不待我的激情去挑战生活，挑战未来。

千万不要苛刻地追求完美

哲人说："完美本是毒。"事事追求完美是一件痛苦的事，它是毒害我们心灵的毒药。

这个世界本来就不是完美的，过去不是、现在不是、将来也不是，它本来就是以缺陷的形式呈现给我们的。人如果事事追求完美，那无疑是自讨苦吃。

缺憾有其独特的意义，我们不能杜绝缺憾，但我们可以直面缺憾，并且在缺憾的人生中追求完美。缺憾可以当作我们追求的动力，如果我们能这样看，就不会为种种所谓的人生缺憾而耿耿于怀了。

有了缺憾就会产生追求的目标，有了目标，就如同候鸟有了目的地，即使在飞翔中累得上气不接下气也能够坚持下去。但如果事事追求完善，都要拼命做好，这会使我们自己陷入困境。所以我们应该试着将"拼了命地去做"改成"尽力去做"。

有些女人为了追求完美，不停地苛责自己。在这个过程中，她们忘记了，忘记了春天的美丽。有多少人在垂暮之年幡然醒悟：一辈子只在追求完善，却从未认真地体会生活、感悟生活！

人生确有许多不完美之处，每个人都会有各式各样的缺点。其实，没有缺憾我们便无法去衡量完美。仔细想想，缺憾其实不也是一种美吗?

人生就是充满不完美的旅程。从哲学的意义上讲，人类永远不满足自己的思维、自己的生存环境、自己的生活水准。这就决定了人类不断创造、追求。没有缺陷就意味着圆满，绝对的圆满便意味着没有希望、没有追求，也就意味着停滞。人生圆满，人便停止了追求的脚步。

生活不可能完美无缺，也正因为有了残缺，我们才有梦，有希望。当我们为梦想和希望而付出我们的努力时，我们就已经拥有了一个完整的自我。生活不是一场必须拿满分的考试，生活更像一个足球赛季，最好的队也可能会输掉其中的几场比赛，而最差的队也有自己闪亮的时刻。我们的所有努力就是为了赢得更多的比赛。当我们能继续在比赛中前进并珍惜每场比赛时，我们就赢得了自己的完整。

追求完美没有错，可怕的是追而不得后的自卑与堕落。即使缺陷再大的人也有其闪光点，正如再完美的人也有缺陷一样。只要能够充分发挥自己的长处，照样可以赢得精彩人生。

最后，如果你是“完美主义”者，建议你变成“完成主义”者吧！不必在乎成果如何，也不要管别人的批评，只要开始行动就可以了。

拿出勇气，不要躲在阴暗的角落里

如果能从风险的转化和准备上进行谋划，并且有足够的勇气，风险其实并不可怕。

生活中总是有那么多的“不可能”驻扎在我们的心头，无时无刻不在吞噬着我们的理想和意志，让我们一步步在“不可能”中离自己的梦想和目标越来越遥远。其实，“不可能”只不过是一只只“纸老虎”，只要女人敢于拿出勇气来主动出击，那么，“不可能”也会变为“可能”。

只有善于抓住机会，并有勇气适度冒险的人，才会获得事业上的成功。有些人很聪明，对不测因素和风险看得太清楚了，不敢冒一点儿险，失去了应有的勇气。实际上，如果能从风险的转化和准备上进行谋划，并且有足够的勇气，风险其实并不可怕。

凡是要成大事者都必须要像一只船在激流中挺进，这是因为——人生就像一条河，时而平缓，时而湍急。你在河流当中，可以选择较安全的方式，沿着岸边慢慢移动；也可以停止不动，或者在旋涡中不停打转。如果你有足够的勇气的话，你还可以接受挑战，用挑战来检测你的自信心。

有勇气的人是无法战胜的，因为无论何时他们总是充满希望，并以坚忍不拔的意志一路披荆斩棘，直至到达目的地。

女人要拿出你的勇气，不要躲在阴暗的角落里。当你们面对困难的时候，勇敢地去面对它、接受它，然后想办法加以克服、解决，胜利最终一定会握在你们的手里。

娱乐休闲也是生活的必需品

娱乐休闲也是极有价值的生活，人们能从休假中获得更大的益处和更多的生命资本。

很多女人为了事业的成功只会工作而不会娱乐，整日像机器一样疯狂地运转。人类的文明创造和高科技的娱乐场所，她从来没有享受过。这也不是一个真正成功的女人。而几乎是最成功的人的居里夫人也都把娱乐列为成功的因素之一。21世纪的成功人士，一定是会工作，会休息娱乐的人。因为，学会娱乐是为了更好的工作。其实，娱乐休闲也是极有价值的生活，人们能从休假中获得更大的益处和更多的生命资本。

这是最浅显的道理。与其花钱去医院看病吃药，不如到乡间去寻找健康。自然界的治疗能力要超过一切的人工。每年放长假坚持到乡下去吸收新鲜空气、娱乐健身、休闲度假的人们，疾病很少会找上他们。

看看那些家庭主妇一年到头终日困在家中为家务操劳，为烦琐的事情而烦恼，显然，她们太需要到大自然中去休息一下了。这些女人，时间一久必定弯腰弓背，好似枯萎的花木。她们也需要田野森林来丰富她们的生活。

在快节奏中工作的现代女性更应该善待自己。成功女性也要学会痛痛快快地享受生活，彻彻底底地放松自己，当今的女性休闲娱乐越来越丰富多彩，也一定会让你“玩”出一份好心情。

“健身”也许不属于一般的休闲范畴，但是对于一些工作繁忙的白领女性而言，健身已经成为她们最自觉自愿参加的休闲活动，她们在那里挥洒着汗水，舒缓着压力，她们在富有节奏感的动作中忘却了烦恼、忘却了疲倦，她们得到的不仅是容颜的光彩，更有一份“身体是革命本钱”的自信和从容。

对于众多忙于工作，忙于应酬的女性，休闲的意义就在于此。新世纪女人的休闲不是放纵，不是傻玩、疯玩，而是需要在休闲的基础上还有所收获。不仅是打球，游泳馆、健身房、舍宾俱乐部等等，凡与锻炼身体有关的场所，都能吸引众多的职业女性。在劳累一天之后，换上时髦的运动服去健康消费，也是因为她们太需要让全身的骨节都放松一下的缘故。

娱乐休闲还有一种特别的方式，就是聊天。中年女性是家庭事业中最忙碌的一族，然而许多中年女性再忙也不会放弃每月一次的同学聚会，这是目前许多中年女性热衷的聚会，因为大家在一起可以畅所欲言，从而缓解心中的压力，赢得自信的自己。

成功女性平时工作、生活、学习都比较紧张，她们需要有一种较为轻松的休闲活动，于是许多成功女性便选择了聚会形式，有老同学的聚会、有老同事间的聚会等等。她们不拘形式，只希望通过聚会来放松放松，同时也能相互交流信息，促进了解，增进友谊。今天，女人的快乐生活，由你自己打造。

第二章

知情识趣，美在从容生活间

出门前对镜中的自己说“你真棒”

暗示的力量是无穷的，只要你能够正确运用它，它就会为你的人生带来幸福和快乐。

女人的美丽有多种多样的体现，有人有学识，有人有能力，有人有气质，但最美的却是自信的女人。自信的女人不会老是盯着别人的优点，羡慕不已，她们相信自己有着比别人更优秀的方面。

从现在开始，彻底抛弃那些“我不行”“我办不到”“我总是不如××”的想法，出门前看着镜子，做个深呼吸，试着大声地对自己说：“你真棒！”之后，你会发现自己信心倍增，不但走在路上会有“我比别人都好”的感觉，做起事情来也比平时更有干劲儿。

这就是自我暗示的力量，有时会让你创造出奇迹来。要经常给自己心理暗示，对自己说“我很棒”“我能行”“我可以”“这个困难我能克服”，会让你一直保持美好的心境。暗示的力量是无穷的，只要你能够正确运用它，它就会为你的人生带来幸福和快乐。

人究竟有多大的潜能？开发的极限是什么？谁都无法回答。其实，我们每一个人都可以活得比现在卓越，因为我们并没有达到自己的人生极限。

培养自己这种习惯：保持最好的自我，成为你最想成为的“那个你”。尤其要记住自己受人赞美的地方。那就是真实的你，使之成为指导你一生的参照物——最好的自我形象。你会发现重新调整感觉的做法将会像磁石一样吸引你，当你设想使自己达到了目标时，你会感觉到这块磁石的力量。

如果你以不同的方式思想，会有不同的感受和行为，这全在于你如何控制自己的思想。正像诗人约翰·米尔顿写的：“心灵可以把天堂变成地狱，也可以把地狱变成天堂。”

微笑着面对所有人

微笑是世界上最美丽的花儿，如果一个女人常常送“花儿”给别人，那她无疑就成了一个美丽的人见人爱的天使。

女性最能打动人的就是微笑。世界名模辛迪·克劳馥曾说过这样一句话：女人出门时若忘了化妆，最好的补救方法便是亮出你的微笑。微笑，本不是女人的专利，但女人从心底里发出微笑时，却可以让灰暗的人生焕发出靓丽的光彩，让平庸的世界创造伟大奇迹……

每天面对所有人开心微笑的女人才是最聪明的女人，每天面对所有人甜美微笑的女人才是最美丽的女人。

微笑的女人笑容绽放在脸上，心里充满阳光，虽然她们不能改变世界，但最起码可以使自己的周围温煦如春，暖意融融。微笑是和煦的春风，微笑是快乐的精灵，微笑是看不见的财富。

把微笑送给别人，会体验到一种真正的愉悦，心情好了，幸运也会更多地光顾你。

从现在开始，从今天开始，面对每一个人充满自信地微笑吧！因为“世界像一面镜子，当你向它微笑之时，它必以笑颜回报。”自信女人的笑容，不止有“回眸一笑百媚生”的魅力，其背后往往还蕴藏了巨大的力量，这种力量不但能以温柔的方式化解人生的各种坚冰，还能引导你直接到达光明的圣地。

微笑着的女人是阳光的、自信的、成熟的、和善的、聪明的、优雅的，更是快乐的、幸运的、幸福的……

享受每一个灿烂的今天

用心享受生活每一天吧，你会发现，生命因此变得厚重丰盈，趣味盎然！

很多女人，整日忙于工作，忙于家务，忙于照顾家人，似乎每一天都在不停地奔波，她们的口头禅是“生活好累啊，如果有一天闲下来，我一定要去……”她们有着无数享受生活的愿望，比如去做一次长途旅行，比如去舒舒服服地做美容，比如好好跟闺中密友待上几天，可是这些愿望总是因为这样或那样的原因不能实现。

不经意间，季节已悄然转换。当大雁开始南飞，当空中飘起飞雪，当爆竹再次响起，当柳树又吐新绿，日子已如白驹过隙。

生活就是一个过程，她的美丽就展现在过程之中，展现在平平常常的日子里。只要用心，就会发现生活之美无处不在：清晨有朝阳的绚烂，黄昏有落日的静美；春有春的生机，夏有夏的妩媚，秋有秋的风情，冬有冬的含蓄，四季轮回，美景更换。这些难道不值得我们停下匆匆的脚步驻足赏玩吗？

风景并非都在远方，用心体会，一句温暖的问候，一个理解的眼神，一声稚嫩的呼唤，一朵绽放的花朵，都会带给你一份心灵的悸动。

人生是短暂的，我们只有全身心地享受每一天，才不会有人生易老的悲叹。因为我们虽然无法延长生命的长度，却可以拓宽生命的宽度。

生命时光有限，日历撕了一页就少一天，而所有的梦想不会从天而降，今天你不去创造，今天你不抓住快乐的绳索，明天你就会遗憾终身。生命没有高低贵贱之分，只有人生的理念是否贴近了真爱的区别。如果你把自己的生命和幸福与他人的生命和幸福连在一起，珍爱别人也珍爱自己，你就可以走出无谓的纷争，实实在在地享受每一天。

“享受每一个灿烂的今天”就是把一天之中经历过的事情所得到的感受通通记在心里，因为有些事情可能一生之中只能经历一次，或者换句话说，给一个人感受最深的就是做某件事情的第一次，而这一次或者第一次的感觉是最真切的了。所以可以这样说。在每一天的每一次感受和每一种感觉都应当会让一个人感到兴奋和喜悦才对。每一个人的生命只有一次，所以，把握这一次生命中的每一天，才是自信女人一生最紧要的事情。

不为小事而烦恼

自信的女人不会因小事而做无谓烦恼，不会让乱麻缠住自己的快刀。

作为一个女人，应大气一点，别老醉心于鸡毛蒜皮的小事。要知道在小事上纠缠，是对时间的浪费，也可以说就是对于生命的无端消耗。一个女人虽不能玩世不恭游戏人生，但也不能太较真，认死理。“水至清则无鱼，人至察则无徒”，太认真了，就会对什么都看不惯，也就无法在这个社会上生存。

女人的家庭观念都很强，家是女人生活的重要组成部分。但家里难免有矛盾。清官难断家务事，如果一个女人在家里事事计较，非得争出个谁对谁错，那就愚不可及。亲人之间哪有什么原则性的大是大非，都是一家人，非要分出个对和错来，又有什么意义呢？处理家庭琐事要采取“绥靖”政策，以安抚为主，大事化小，小事化了，和稀泥，当个笑口常开的和事佬。具体说来，妻子对丈夫的懒惰等种种难以容忍的毛病，应采取宽容的态度，切忌唠叨起来没完，嫌他这、嫌他那，也不要丈夫偶尔回来晚了或有女士来电，就给脸色看。家里是避风的港湾，应该是温馨和谐的，千万别演变成充满火药味的战场，狼烟四起，鸡飞狗跳。

我们要想克服被一些小事所引起的困扰，只要把目光转移一下就行了——让我们有一个新的、能够使我们开心一点的看法。如此一来，热水炉的响声，也可以被我们听成美妙的音乐。很多其他的小忧虑也是一样，我们不喜欢它们，结果弄得整个人很颓丧，原因只不过是我们不自知地夸大了那些小事的重要性。

当然，最重要的方法，就是果断地舍弃那些小事。

不要被欲望牵着鼻子走

身体里过多的脂肪会置人死地，同样，生命中过剩的物欲与虚荣也会将人拖入深渊。

任何女人都有欲望，都想过美满幸福的生活，都希望丰衣足食，这是人之常情。但是，如果把这种欲望变成痛苦的欲求，无法满足的贪婪，那她就无形中成了欲望的奴隶。她常常感到自己非常累，但是仍觉得不满足，因为在她看来，很多人比自己的生活更富足，很多人的权力比自己大，很多人的化妆品用的比自己好。所以她别无出路，只能硬着头皮往前冲，在无奈中透支着体力、精力与生命。其实这一切都是女人不自信的表现，因为不自信，所以不知道什么才是真正想要的，所以见人家有什么自己没有就会有欲望去获得，最后把自己搞得筋疲力尽不说，甚至有可能走上犯罪的道路。

扪心自问，这样的生活，能不累吗？被欲望沉沉地压着，能不精疲力竭吗？静下心来想一想，有什么目标真的非让我们实现不可，又有什么东西值得我们用宝贵的生命去换取？朋友，让我们斩除过多的欲望吧，将一切欲望减少再减少，从而让真实的欲求浮现。这样，你才会发现真实的，平淡的生活才是最快乐的。拥有这种超然的心境，你就能做起事来，不慌不忙，不躁不乱，井然有序。面对外界的各种变化不惊不惧，不愠不怒，不暴不躁。而对物质引诱，心不动，手不痒。没有小肚鸡肠带来的烦恼，没有功名利禄的拖累。活得轻松，过得自在。白天知足常乐，夜里睡觉安宁，走路感觉踏实，蓦然回首时没有遗憾。

静下来想一下，女人的生命到底有多长？到底能在这追逐中支持多久？到底让自己疲惫到什么时候才算完结？想一想：究竟有什么目标真的非要实现不可，又有什么东西值得用宝贵的时间和生命去一直追逐？如果女人放下了过多的物欲，如果放下那些满心的虚荣，会不会过得更加幸福？

不自信的女人，是欲望的奴隶，她们在欲望的驱使下忙忙碌碌，不知所终。

古语说："人为财死，鸟为食亡。"人不能没有欲望，不然就会失去前进的动力，但人却不能有贪婪，因为贪欲是个无底洞，你永远也填不满。

人生的许多沮丧都是因为你得不到想要的东西。其实，我们辛辛苦苦地奔波劳碌，最终的结局不都是只剩下埋葬我们身体的那点土地吗？伊索说的好："许多人想得到更多的东西，却把现在所拥有的也失去了。"这可以说是对得不偿失最好地诠释了。

人生好像一条河，有其源头，有其流程，有其终点。不管生命的河流有多长，最终都要到达终点，人生终有尽头。活着的时候，少一点欲望，多一点快乐，有什么不好？

俗话说：“人比人，气死人。”女人往往容易看到别人比自己好的地方，并因此心境难平。我们应该先学会看重自己已拥有的生活，再心平气和地改进自己的处境。

别人自有别人的优越，而我自有我的幸福。——这才是自信女人的良好心态。她们笑得灿烂，笑得舒心。发自内心的快乐，使她们成为天下最幸福的女人。

每天留出十分钟安静独处

如果你愿意给自己一点独处的机会——找一些时间独处，这足以证明你心灵的成熟。

生活在现代社会中的女性似乎无时无刻不在同快节奏的生活步调搏击，特别容易受累于情绪、烦恼、压抑和失落。几乎没有几个女人会每天给自己一点点的时间来安静地思考一下忙碌紧张的意义。或者是我们已经习惯了这种纷繁复杂的生活？抑或是你已经对这个快餐时代感到麻木了？

当你感觉在生活中陷入了苍白与麻木的时候，请给自己留点品味生活的时间。要从纷乱的世界中退出去找一个清净的地方，在安宁、沉寂中找寻造物主的声音。只有在这个安宁的地方，我们的心才会更加清醒，充满信心，去迎接人生须经历的各种挑战，也只有从静中，我们才会真正领悟出什么是人生最宝贵的。

每天留出十分钟安静独处，不要太多，只要十分钟就可以了。但这十分钟对于整个的人生却是无比可贵的。每天十分钟，可以帮你认清自己，明白自己脚下的路，让目标与人生、事业之价值观相互符合，如此才不致瞎忙乎，不至白费力气。

每天抽出十分钟时间安静独处，在这段固定的时间里，不要被其他事耽误，按照下面的方法去做，相信很快就能很好地控制自己，可以轻松地面对生活了。

找个比较安静的环境，让自己不受电话、家人的打扰而独处。不妨放些音乐，借此增加效果，牵动你的情绪。如果选择音乐的话，最好先选让你放松的，然后采用激励灵感、信心、活力和希望的音乐。你可以选择走动，也可以静静地坐着。静坐后你可以把意识集中于自己的呼吸，如果正在步行，就专注于步行，也可专注于未来，让行为与意识融为一体，以达到特有的内在安宁和平静。练习久了，即可在两三分钟之内进入平静状态。

达到平静后，问问自己："为什么今天非得努力？今天有什么事和我的目标原则相关，如果松懈了，会有什么后果？为什么今天要加强良好情绪控制，要勇敢面对自己的弱点？"这样是为了帮助你找到强烈的情绪驱动源，使自己积极、热忱。只有独处的时候，大脑才是最清楚的时候，才能做出更正确的选择。

在这样一个充满焦虑的时代里，灵魂和内心更需要独处时的宁静。这片宁静可能在高山上，也可能在大海边，更可能藏在一所乡村小屋中，只要敢于独处，用心去体味，就能体会到它的妙用。

独处之时，你可以把脑海中各种想法全释放出来，冥想白天令人愤怒时的情景，在冥想的宁静之中经过加工的愤怒与烦恼，再次返回大脑的记忆时，已不带有任何感情色彩，不会对我们形成伤害，也不会带来压力。

在纷繁复杂的尘世间，自信女人每天拥有十分钟独处的时间，实在是一种独特的享受。拒绝外来的诱惑，独自徜徉于自己营造的孤独的氛围里，沏一杯香茗，放一段音乐，让疲惫的身心在静静的孤独中好好地放个假。或捧一册书刊，或看一处远景，抑或什么也不做，就静静地思索，让思绪在孤独中飘得很远很远……

憧憬着明天甜蜜入梦

每天晚上怀着对明天的憧憬甜蜜入梦吧，那是一种非常幸福的像在天空中飞翔一样的感觉！

当你经过一天辛苦的劳累之后，洗漱完毕，安安静静，舒舒心心地躺在床上的时候，你通常在想些什么？在为今天所犯的错误后悔吗？在为明天的辛苦发愁吗？想到这些的时候，你会不会辗转反侧，难以入眠呢？别再这样犯傻了，别再跟自己过不去了。自信的女人是绝没有闲暇想这些的。她们在做什么呢？她们在勾画着灿烂的明天，在想象着当有一天梦想实现会是怎样一幅动人的画面。正是怀着这样的梦想，她们才会每天都像一个快乐的小猪一样甜蜜入梦。

没有梦想的人生，就是无的放矢，缺少方向，就像航船没有了舵手，行驶时没有了指南针，会令我们无所适从。梦想，是一个人未来生活的蓝图，又是人精神生活的支柱。一个明确的梦想，可令我们的努力得到双倍、甚至数倍的回报。

因为有了对梦的深深向往，失落的时候，你便不会在人们的责备叹息声中迷失自我。你不会因为这小小的失败而放慢前进的脚步，因为你明白，这一点点的失败，对于你所追求的伟大梦想来说，只不过是沧海中的一朵浪花而已！

因为有了对梦的深深向往，胜利的时候，你便不会在四周洋溢的赞扬声中迷失自己。你不会因为这一点小小的成功而停止了追求的脚步，因为你明白，这一点点的成功，绝对不是你的最终追求，我的梦想在前方招手，我必须努力！

是的，没有想飞的愿望，心便永远低沉，只有超越过去的局限，才能在美丽的天空自由翱翔，寻求到理想的精神家园。

第三章

女人的优雅源于内心的从容

知识改变女人的命运

有知识的女人给人的印象是高贵、神秘，缺少知识的女人给人的印象是单调、浅薄。

一个女人，在拥有了丰富的知识之后，会变得优秀，因为知识给了她底蕴，陶冶了她的情操，丰富了她的内涵和视野，使她变得温文尔雅，善解人意。

当今社会，竞争日趋激烈，不学习就落后已成共识，知识改变命运也实实在在体现出来了。

科学进步日新月异，知识更新空前加快。据有关资料研究表明：2000年产生的知识总量，相当于前30年产生的知识量的总和。到2020年，知识的总量是现在的3～4倍；到2050年，目前的知识总量仅占那时知识的1%。女人不学习知识，就只能在无知的世界里来回打转。

学习知识的途径是很多的。首先我们从第一天人学起，就可以从书本上学到很多的知识，但书本的内容毕竟是有限的。一个拘泥于书本的女人，将来走上社会，是很难适应的。这就需要我们在成长的过程中，学会阅读无字之书。社会是一本无字之书，读懂它是要一个过程的。

社会是一个五光十色、精彩非凡的大舞台，鲜活生动的戏份很多，这些“戏份”都是一种知识，会令你眼花缭乱、感想无穷……你应该花时间花精力自己录下来，归纳总结出来，成为经验，成为理论，丰富自己。

不管从什么渠道获得的知识，都是女人改变命运不可或缺的养分。美容改变的是外表，难以渗透潜质，来也匆匆，去也匆匆。知识凝聚的是内核，改变由里到外，依附于心，焕发于神，放射着恒久的光芒，使你秀外慧中。

有知识的女人给人的印象是高贵、神秘，缺少知识的女人给人的印象是单调、浅薄。

生活中也有一些看起来容貌娇美、衣着时髦的女孩子，但是却满嘴脏话，使漂亮的外表也失去了光彩，登不上大雅之堂。所有知识和各种文化艺术的长期融合锻造形成的风度、气质都不属于她，由深邃的思想形成的自信、机智、幽默不屈于她，这样的女人何美之有？

我们不反对女人把自己打扮得漂漂亮亮的，但是作为女人，在爱好修饰的同时，不要忘记学习一切有用的知识，知识也是一件时髦的连衣裙，它会增添你的风采。

充满知识的女人犹如一杯醇香的佳酿，外表与寻常无异，喝一口下去，滋味却叫人再三回味。知识使女人面对大小问题时懂得分寸，能够做出明智的抉择。知识能一点点从内心雕琢一个人，塑造一个智慧的人。知识使女人能真正把握好自己，并获得从容自信，使你的周身散发出超然的气质，使你从人群中脱颖而出。

智慧是一种永不褪色的美丽

自信女人的宣言是：我们可以不美丽，但不能不智慧。

智慧是一个自信女人通往人生幸福和快乐的心灵之路，通过它的每一个女人都能在充满希望和期待的人生岁月里，享受到生活的温馨和甜蜜。

智慧能重塑美丽，智慧能使美丽长久永恒，智慧是人生体验到极致的感悟，智慧是人生感悟极致的平静，智慧是一种永不褪色的美丽。

智慧是自信女人更为简单纯净的心态，智慧是自信女人情感的丰盈与独立，智慧的自信女人不用苛刻的标准审度万物，智慧的自信女人更懂得在得与失之间慧心的平衡，智慧的自信女人以其极强的领悟力，对面临的任何事态从容地做出明智的抉择。

智慧不是天生的，智慧源于渊博的学识，智慧源于丰富的阅历，智慧源于经验的积累和教训的吸取。

智慧是一件永远穿不破的美丽衣裳，智慧使自信女人永远时尚美丽温馨浪漫。作为女人，拥有智慧更可靠，更经用。凭借智慧与优秀的男人并肩前行，何等风光、满足、持久。

滋生美妙的创意，创作美妙的音符，用妙语化解危机，用决策决胜千里，以科技造福人类，一切的一切，无不闪烁着自信女人智慧的光芒。

企业需要智慧的自信女人，社会需要智慧的自信女人，国家需要智慧的自信女人。每一个角落都需要知识、需要创新、需要正确决策、需要科学管理。需要先见之明、需要高瞻远瞩。需要不以物喜、不以己悲的心态，不必为矮小而自卑，不必为面容而羞愧，不必为年龄而伤感，不必为失败而气馁，不要那么自私、懒惰、自卑。智慧与你同行，你将会受到家人、朋友、社会的欢迎，总有人会欣赏，总有人会觉得你很美，总有人会觉得你很可爱。自信女人的智慧之美正如羽泉的歌："你的美无声无息，不知不觉让我追随，你在我眼中是最美，每一个微笑都让我沉醉。"

智慧是一种永不褪色的美丽，当青春不在，当脸上布满皱纹，当头发花白时，智慧之光却永远在闪烁。"零落成泥碾作尘，只有香如故。"才是自信女人的永不凋谢和枯萎的芬芳！

兴趣，能增加生活的亮色

生活本身应该是赤橙黄绿青蓝紫多色调的。有兴趣爱好的女人，生活才有七色阳光；才能感受到生命的珍贵可爱。

女人做自己喜欢的事情，使自己的兴趣广泛一点，多涉猎一些雅的、俗的，能给人生增添无限的乐趣。一个多才多艺的女人，容易产生成就感，易被社会接纳。因为她能赢得社会的赞誉、周围人们的欣赏；能做到厚积薄发，触类旁通，愉快地编织自己的网络，萌生出新的乐趣；易发现别人不易发现的智慧和美。有时，在别人一筹莫展之处，她却能畅通无阻，勇往直前。在别人遇到危难、难以前进时，她却能履险如夷，跨越艰辛。

兴趣，是一个人充满活力的表现。生活本身应该是赤橙黄绿青蓝紫多色调的。有兴趣爱好的女人，生活才有七色阳光；才能感受到生命的珍贵可爱。健康有益的兴趣，能使人在潜移默化中享受生活的馈赠，接受文明的陶冶，培育良好的性格、毅力、意志等优秀心理气质。

在整个人类文明史上，不少文坛俊杰、科学巨擘、商界行家、政坛精英，他们都有自己独特的、丰富的事业和生活的兴趣雅好。他们既是执着创造的事业中人，又是富于生活情趣的性情中人。事业是他们的不朽生命，生活则是他们纵横捭阖的精美舞台。他们在享受立业欢愉的同时，又以自己斑斓多彩、瑰美绝有的闲情雅趣，装点着生活的艺术，拓展着独特的才华。

积极行动起来吧！找一项自己感兴趣的事，投入你万分之十的力量，致力于你所动心的某项爱好，这样你的生活就不会再感到乏味，你的身心就不再感到疲惫。

每天早晨一睁开眼，你就会感觉又是一次新的诞生，因为你的爱好里有许许多多的迷恋正等待着你，热切地等待着你给它们注入更多的爱。

提高品位，筑就优雅人生

优雅的生活是简单而丰富的，个人的品位和素养或许是其中的关键。

注意提高自我品位的女人，随着年龄的增长。当岁月的痕纹爬上额头和眼角时，她们逝去的只是青春的容颜，留下的却是永恒的优雅。

优雅的女人无人不喜欢，不管是男人还是女人。愚钝的女人总是在抱怨：上天是如此不公，为何不将那样的身材与美貌赐予给我？而优雅的女人往往是通过后天的努力，让人心服口服。当女人从表面的自我，过渡到一种深厚的内在之中，便呈现出一种升华过后的极致美丽，与从前相比，不可再同日而语。一如水涨船高，是一样的定律。

时髦，可以追可以赶，可以花大钱去“入流”，而优雅却是模仿不来、着急不得的事。

女人怎样才能够优雅呢？有人说，除非她遇到一个好男人，这个男人给予她所有优雅的动力与勇气，还有物质条件。男人们总有一种感觉，赚了足够的钞票供养女人，让她衣食无愁，在丰富的物质面前，女人优雅的气质和内容就会表现出来。其实并非如此，女人的优雅不是物质生活堆积出来的，但优雅的生活多少与物质有一定关系。

你想知道一个女人是否过着优雅的生活，你首先要问她，她是否有能力创造幸福？她的生活内容是否真实？她的感受是否是自然流露出来的？如果她无法确定，那么她必然是生活在别人设计的图纸上，优雅的生活就无从谈起。其实，只有不断提升自己的品位修养，才能逐渐向优雅靠近，品位高了，你的生活中优雅的内容也就会自然而然地增加。

优雅的生活是简单而丰富的，个人的品位和素养或许是其中的关键。

优雅，是一种知识的积淀，不管是直接还是间接的，都是一种必需的积累；优雅不是一种形式上的东西，它需要你在生活中学习，需要你以丰富的人生经历来成就。优雅有着终生学习的特性，它是台阶式的，学一点，修一点，修一点也就提升一点。优雅需要女人学一生，坚持一生，它才会让你受益一生。

“品位”二字，没有内涵是强作不来的。品位不是虚无缥缈的一种自我感觉良好，它是全面的，整体的，由表及里的综合表现。品位是一种集个人的出生背景，文化层次，生活素养为一体的，只能靠感觉去体验的东西，不是什么人都能够拥有的。

女人优雅之树的根要深扎在文化与经济的沃土里才枝繁叶茂。当优雅成为一种自然的气质时，你一定显得成熟、温柔；当优雅代表你的性格时，事实上你已把握了自己的人生。

女人的优雅又像一口泉，智慧之水在涌动中展示充分的人格魅力，散发着令人仰慕的内在品位。生活中的女人们尽量提高自己的品位，多一些优雅，实在是人生中的崇高境界。

有品位做底蕴的优雅女人不见花开，只闻暗香浮动。

内秀的女人不断为自己“充电”

学习化，不仅是女性在新世纪的最佳生存方式，还是家庭、企业、国家在新世纪的最好生存方式。

在竞争激烈的环境下，女人要把自己当作“蓄电池”，用电后要及时补充上。

据调查，在女性中，闲暇时间看书学习的仅占7.64%，业余时间学习过科技知识的占21%，看电视时关心科技知识的仅占0.86%，65%以上的女性是看文艺节目或婚姻家庭知识。

许多职场女性由于对工作缺乏强烈的进取心和上进心，容易满足，再加上烦琐的家务，她们会放弃主动学习。久而久之，因为过于依赖家庭，她们的工作能力就会相对下降，无法满足工作的要求，职业生涯发展也进入了死胡同。她们中很多人并没有意识到，应该不断更新知识弥补职场发展中的不足。

“知识折旧”定律显示：一年不学习，你所拥有的全部知识就会折旧80%。

今天我们刚刚掌握的知识，到了明天仿佛就又陈旧，眨眼的工夫，一大堆新名词、新观念、新概念、新时尚、新潮流便铺天盖地地出现，势不可挡，“神女应无恙，当惊世界殊”！在这样的环境中，如不及时补给，马上就要变成新时代的文盲了。因此，女性要培养自学精神，养成终身学习的习惯，不断为自己充电。

终身学习化，即人生学习化。若让人生成为“学习化的人生”，就要不断在实际生活中学习，真正做到“无一事而不学，无一时而不学，无一处而不学”。学习化，不仅是女性在新世纪的最佳生存方式，还是家庭、企业、国家在新世纪的最好生存方式。

美丽是修炼出来的

美丽是坚持追求美丽这个好习惯得到的结果，修炼的美才会越来越光彩焕发。

美丽不是漂亮。漂亮会随着时光的流逝渐渐飘逝，是一瞬即去的；而美丽则会随着生活的历练与修养的滋润而永远散发着崭新的气息，是会永恒的。

就如居里夫人说的：17岁时，你不漂亮，你可以怪罪于你的母亲，她没有遗传给你好的容貌；但是，30岁了你依然不漂亮，你就只能责怪你自己了，因为在那么漫长的日子里，你没有往你的生命里注入新的东西。

姣好的容貌远远没有气质有吸引力，而气质是知识与修养的结合，不由自主地散发出的魅力，一个没修养的美女，大家都称之为花瓶；而一个满腹经纶的女子，即便她很丑，她的人格魅力也会令许多人折服。生活中，比美丽的容貌重要的东西还有很多很多。奉劝美貌的女子，镜子并不是你的出门通行证，男人也不是你生活的唯一体验。真正的美丽是在漫长的岁月里不断修炼出来的。

美丽是坚持追求美丽这个好习惯得到的结果，修炼的美才会越来越光彩焕发。

修炼过后的美丽，是怎样的？

它不仅仅是高贵的出身，不仅仅是时髦的妆饰，不仅仅是优雅的言行，不仅仅是华丽的背景，也不仅仅是以上一切的相加。都不是的。那么这种美丽究竟是什么？

这种美丽是一种朴素的教养和宽容，一种恬淡的向往和行走。它是自心灵深处生发出来的光辉，透过骨骼、肌肤，不仅映照着自己身上的每一个细节，还照耀着外面的世界。这种光辉不必精彩四射、艳惊四座，它只是那么柔和，柔和得近乎微弱，不须惊动谁。美丽，从不追求喧哗。

这种美丽还在于恬静，不为外界的诱惑所动，任风生水起，依然和煦淡远；在于淳朴，清水出芙蓉，天然去雕饰，一篱野花要远远胜过花篮里的九百九十九朵玫瑰；在于专一，心无旁骛，自能返璞归真。一朵美丽的花，它的开放不是为了赞美，不是为了飞舞不定的蜂和蝶，而是为了平平静静地萌芽、生长和绽放；美丽，在于热爱，热爱生活，热爱世界，犹如一棵草绿着大地，一滴水润了嫩芽。这种美丽，是内心的需要。反过来也可以说，这种美丽，需要内心。

都说女人的美丽常常是需要其他东西来点缀的，就像大街上时尚女孩子各式各样的手机饰物。晶莹的珠宝、亮丽的衣服、娇媚的笑容都可以把一个女子装点得楚楚动人。殊不知，这世界上最能使一个女子越过年龄的羁绊而呈现出一种大方、典雅、谐和之美的，却是她的气质。一种内在精神修养充溢于外表的柔和之光。这东西可不是美容师用高科技能做出来的，她依靠岁月磨砺中的修炼……

第四章

会生活的女人，都自带光芒

运动带给人青春飞扬的信心

锻炼能带给人青春飞扬的信心，带给人义无反顾、勇往直前的胆气，因为锻炼以最直白、最朴素的方式展现了人的积极向上的本质。

“生命在于运动”已经是一句很古老的话了，我们可以仿造出：“健康在于运动”“青春在于运动”“美丽在于运动”……只因为运动的状态才是人生最饱满最自然的状态，它能带给人许许多多生命中不可缺少的流光溢彩，带给人许许多多生命里最重要的体验。

令人遗憾的是，在清晨的马路边上、公园里，我们经常可以见到许多中老年人锻炼身体的场景，却鲜见年轻女性的踪影，她们甚至振振有词地说什么早上不锻炼身体，睡懒觉是一个人聪明的表现。其实恰恰相反，美国一位博士的最新研究表明，一个经常参加体育锻炼的人，其智商也比较高。

生命在于运动。一天24小时，我们要分配给工作、朋友、家人、娱乐、睡眠等，不过，我们一定要记得留点时间给运动。

下面给大家介绍几种常见的运动方式。

第一，慢跑运动。

有规律的慢跑运动不仅能增强你的体质，塑造你的体形，而且能培养你的性情：一是耐性，二是韧性，三是调适性。

一开始慢跑，运动量不宜过大，可以跑几分钟再走几分钟，但要注意跑的姿势，双臂积极地前后摆动，脚尖着地，略带跳跃，感觉像小鹿斑比那样轻盈。跑步是全身运动，重要的是注意呼吸节奏，正常的呼吸应该是和步频配合。

等你体质能够承受连续不停跑的运动量时，则可以将慢跑速度略微加快，而将间隔的快走改为放松的慢跑。交替式的跑步能够有效地消耗脂肪，同时通过呼吸的新陈代谢，增加你的肺活量，提高心肌功能，而且还能丰满胸部，匀称体形。

慢跑只要不是跑得筋疲力尽，就会感到头脑清醒，如果能够在空气清新的早晨和公园小径中进行慢跑，心情则会格外地愉悦舒畅。

第二，骑自行车。

当你与三两知己骑着单车去野外郊游时，轻风拂面，鸟语花香，山清水秀，触景生情，你定会觉得收放自如地驾驭着自行车，忽然猛蹬几下加速，忽然全身放松、两脚悬空，会是何等的潇洒自如。

实际上，骑自行车的女人的臀部都很有型，尤其是重复性的蹬踏动作会使双腿变得结实匀称而且修长。但是千万别骑赛车，因为赛车的骑行姿势前倾，为看清前方道路必须始终抬着脸，时间一长，脖子前面皮肤会出现抬头纹，脖子后面皮肤也会出现肉纹；也别骑山地车，因为这种车的坐垫小如巴掌，长期骑行对臀部会造成挤压，进而破坏体形，坐久了屁股疼，也会破坏骑车的心情，对发育成熟的女人来讲，舒服是最重要的。

第三，游泳。

人作为一种亲水动物，与生俱来就会有一定的水性。古人说“仁者乐山，智者乐水”，但实际上，没有人会抗拒水对自己的诱惑，因为人一旦进入到水中，那种被水无微不至地包容浸润的感觉真的是非常奇妙。

最奇怪的是，人在水里，心情无论如何也不会烦躁。

游泳既能活动全身的筋骨与肌肉，还能塑造优美的身形。无论什么样的游泳姿势，只要不是比赛，在水里都会非常的悠然自得。你放松地让身体漂浮在水面，或者轻轻憋口气，潜入水底如美人鱼般游来游去，一切的动作都是慢悠悠而随心所欲的。你会发现，原来人在水里的感觉会是那么妙不可言，那么自在轻松。

当你拥有一份好水性，你就会知道，其实游泳才是女人最中意的事情，因为这时的你，被水折射出通体的纯净无邪，美得让所有人都会由衷欣赏。

第四，瑜伽。

瑜伽也是一项非常适合女性的运动。现代女性由于工作的压力和生活的快节奏而心负重压，思想负担较重，身体也因忙于生活与工作而疏于顾及。面对种种生活负担，你可以尝试学习瑜伽，利用瑜伽的力量来滤去生命杂质，重新找回从容的自信和健康的活力。真正的瑜伽对现代女性而言，不只是简单的塑身、美体，更是抚慰心灵的良方，它涉及提升生命质量的命题。

真正进入瑜伽的状态之中，你就会发现，在今天纷繁复杂的世界中，这种古老的练习传统是一个重要的“小意境”，是一种很有力的支持方式，帮助人们应对现代生活的紧张和压力，最终让人们保持内心平和，以及健康的生理和精神状态。

因此，瑜伽练习是身、心、灵的舞蹈。你可以尽情感悟瑜伽所带来的身体的健康，思想的敏锐，心灵的平和……瑜伽让身与心真正地放松，在安适之中蕴含巨大的变革力量。

别再犹豫了，快快行动起来，加入健康运动的行列中来，享受青春飞扬的自信吧！

合理饮食吃出自信女人

现代女人面对家庭和工作的双重压力，如果再不呵护自己，合理饮食，那就离黄脸婆不远了。

女人应该知道，未来生活的质量取决于我们现在对待身体的方式。因此，从现在开始，自信女人要真正尊重自己的身体，善待自己的身体，给它以细致的关爱与呵护。

身处快节奏的现代社会，很多职业女性背负着沉重的心理压力，常常在马不停蹄的生活与工作中迷失自己，无暇顾及饮食营养的补充，导致营养缺乏，身体失调。

因此，从现在开始，我们要真正尊重并善待自己的身体。

我们知道，健康、美丽的身体需要有良好的饮食习惯、充足的睡眠和规律的运动等来培植，可是有谁真正用心去实施这些世人皆知的定律了呢？

从现在开始，我们应该养成呵护健康的良好习惯，注重这些看起来不足挂齿却有可能影响你一生健康与美丽的细节。那么，我们在日常饮食方面需要注意些什么呢？

首先要注意减少脂肪的摄入。一般来说，要控制总热量的摄入，减少脂肪摄入量，少吃油炸食品，以防超重和肥胖。脂肪的摄入量标准应占总热能的20%—25%。如果脂肪摄入过多，容易导致活动耐力降低，影响工作效率。维生素摄入要充足。维生素本身并不产生热能，但它们是维持生理功能的重要营养成分，特别是与脑和神经代谢有关的维生素，如维生素B1、维生素B6等。这些维生素在糙米、麦中含量较丰富，因此日常膳食中粮食不宜太精。另外，抗氧化营养素，如胡萝卜素、维生素C、维生素E，有利于提高工作效率，各种新鲜蔬菜和水果中其含量尤为丰富。白领女性工作繁忙，饮食中的维生素营养常被忽略，不妨用一些维生素补充剂来保证维生素的均衡水平。

不可忽视矿物质的供给。女性在生理周期，伴随血红细胞的丢失，还流失了许多铁、钙和锌。因此，在生理周期过后，女性应多摄入一些钙、镁、锌和铁，如多饮牛奶、豆浆等，以提高脑力劳动的效率。

注意补充氨基酸。职业女性的工作特点是用脑，因此营养脑神经的氨基酸供给要充足。脑组织中的游离氨基酸含量以谷氨酸为最高，其次是天门冬氨酸等。豆类、芝麻等含谷氨酸及天门冬氨酸较丰富，应适当多吃。

注意均衡营养。脑和肌体的正常活动在很大程度上取决于摄入食物的质量。营养不平衡可能成为职业女性某些疾病的诱因，对大脑的活动能力产生不良的影响。因此，应注意营养和膳食平衡，戒除烟、酒等不良嗜好，加强体育锻炼，使自己有充沛的精力和健康的身体胜任工作，更好地享受生活。

另外，女人在不同的年龄阶段需要补充不同种类的营养。在不同的年龄加强特定的营养，能起到增加能量、提高生育质量、增强免疫力、缓解更年期症状等不同功效。所以，为了保持身体健康，你应该根据你的营养目标来调节饮食。你的脑海中已经进行过无数次勾勒，但这里面是否包括你的健康计划？无论什么样的人生都需要一个健康的身体支撑，所以不妨参考营养师为女性列出的十年营养计划。

20—30岁。这时候的你面临大学毕业找工作，要离开父母开始独立生活，也该和心爱的人成个家了……20多岁的你面对着重重压力，为了给自己的身心减轻压力，我们建议的饮食目标是：增加铁摄入量，每天5毫克。铁有助于将氧运送到细胞，能避免疲劳。它主要来源于瘦猪肉、牛羊肉、禽类和绿叶蔬菜。增加维生素C的摄入量。每日三餐各摄入1000毫克维生素C，可以防止和治疗因压力导致的感冒及其他疾病。每天摄入400毫克的镁。

镁能缓解神经紧张和情绪暴躁，还能防止偏头痛。它主要来源于坚果、全麦和低脂肪的乳制品。

30—40岁。对许多人来说，30岁该是生儿育女的时候了。你要为孕育一个新生命做好准备，还要降低骨质疏松的危险。我们建议的饮食目标是：增加叶酸的摄入量，每天400微克。叶酸能防止生育缺乏症，如输卵管失调能导致婴儿大脑和脊柱发展不良。它主要来源于杏仁、黑豆、巴西果、豆腐、洋姜和香蕉。增加钙的摄入量。每天至少800毫克。在这个年龄骨密度开始降低，现在就开始补钙可以防止以后骨质疏松。这主要来源于所有低脂肪的乳制品。

40岁以上。更年期一般发生在48岁~52岁，但有些症状，如潮热、阴道干涩等，可能出现得更早。为减轻这些不适，你的饮食目标是：少喝咖啡。研究表明，咖啡能引起潮热，因为它会扩张血管。确保日常饮食中含有丰富的异黄酮和硼。雌激素水平降低会引起不适感，而这些物质能起到雌激素的作用。每天摄入30—50毫克从植物中来的异黄酮（如豆腐和豆奶中），以及吃富含硼的食物，如苹果、甜豆荚和葡萄，可以防止雌激素水平降低。我们通过补充不同种类的营养，不仅可以调节生理机能，保持身体健康，还可以保持外在的美丽。

另外，女人如果想拥有光洁秀美而润泽的肌肤，断不可忽视均衡膳食的重要性。合理的日常饮食也是最佳美容护肤品，它可以使你容光焕发，青春永驻。

有关研究表明：影响女性健康的一些因素，可以通过合理的膳食得以消除。因此，女人在事业辉煌、家庭和睦的同时，也应该多给自己几分关爱，吃出健康，吃出美丽，吃出超人的自信。

得体的装扮更添风采

靳羽西曾说过："世界上没有难看的女孩，只有不懂得如何修饰自己的女孩。"

气质就是一个人给他人的一种感觉，一种清新的感受，一种美的回味。具备优雅气质的女孩，她不一定要很漂亮，也不一定要穿着有多么华丽而贵重的衣饰，但是她必须是穿着得体的女孩子，懂得什么是最适合自己的。

身体虽然是天生的，却可巧妙利用服装搭配让你更显突出。你知道服装是怎样影响一个人的吗？今天，无疑已进入一个前所未有展示个性的时代，人们越来越意识到个人的着装品位，着装也是一个城市文明与进步的象征，人们的审美观念也随之转换。从20年代的香奈尔，40年代的迪奥，60年代的超短裙，70年代的喇叭裤，80年代的女装男性化，直到90年代复古怀旧与回归，女性的着装品位不断提高，对流行周期频繁变化感到厌倦，开始按自己的理解诠释流行，从单纯追求流行式样演绎到注重心灵感受，靠自己所塑造的风格来追求认同。

徜徉都市街头，现代女性像云朵一样，不经意间飘入人们的视线，给明媚的都市风情添加了些许美的韵律。女性的品位形象是外表与内在气质的和谐统一，虽说现在时尚潮流一浪高过一浪，但无论如何改换形象，始终体现自己具有的风格才是永远的时尚样板。拥有一定文化底蕴和坚实的消费能力的白领丽人，如何在不同的场合装扮得恰如其分，这不仅是一种生活情趣的表现，同时也是个人素质修养的体现。

我们在社会交往中，服饰美带给人的印象是强烈而且有决定意义的，我们所说的外在气质美，尤其是仅与人交往一会儿即能感到其气质美的，大部分原因在于他得体的服饰。

服装的美可以看作一种形式美，原本与人的美没有太大关系，人着装之后的美则包括了着装人的修养、趣味等因素，甚至也直接反映了人的社会地位、知识层次等内容，所以培养一个人良好的气质，关于服饰美的课程，就不能不上。

我们看到一个衣着得体的人，常会不由自主地由衷赞叹："真是美呀！"我们甚至不会去分辨他美在什么地方，因为得体的衣装给人的是一种整体美，这种美的形成应该说是不露痕迹。但要想学会怎样穿好衣服，却又必须弄明白这"得体"得体在什么地方。

判断服饰美可从几个方面去进行，一方面是服饰的本身的构成要素，如款式、质料、色彩、图案等；另一方面是这些要素是否搭配适当，是否合于着装者的个性、身份、职业以及不同的场合。每一个人的条件都有所不同，个人的身体要件与社会要件决定了一个所应选择的服饰种类。比如一个大胖子却穿着横条纹的衣服，只能愈显其胖；一个大公司的高级职员工作时却穿着一身运动装，也显得不合时宜。

所以，不管什么人，要想穿出品位，穿出气质，穿出魅力，就必须建立适合于自身的穿衣哲学。

服饰美的一条基本原则是：要使衣物成为自己个性、风度、修养的一部分，一句话，要充分展示自己的个性和风格。当然，服饰的个性化并不排斥服饰的流行化——时髦。服饰美是人的美，但不是孤立的单个人的美，它具有社会性，因此，服饰的流行性是我们追求服饰美时必然要面对的事实。

培养自己优雅的服饰气质，就需要这种以自我为主的“超时髦”心理，否则就会在追赶时髦中成为一个流俗者，时时也追不上时髦。

有人把穿衣的要求简化为TPO原则，即在一定的时间（TIME）、一定的地点（PLACE）、一定的场合（OCCASION）穿合适的衣服。这样的原则值得我们遵循，只有在此基础上，我们才有可能根据自己的体态、个性穿出具有鲜明个性特征的衣服来。穿衣的气“质来”自个性化、风格化，而个性化也即意味着完全适合于自己。

现实生活中多数女人没有出色的容貌，长得不算太美丽，但她们能悦纳自己。她们懂得装扮这个世界，并注重自己的外在形象。她们知道服饰是一种无声的语言，是一个人个性、品位的象征。她们衣着得体，知道适合自己的打扮，她们穿出了自己的优雅、华贵、稳健、折射出时代的气息和韵味。

记得靳羽西曾说过：“世界上没有难看的女孩，只有不懂得如何修饰自己的女孩。”任何一位女孩，都是艺术家。

坐拥书城，享受优雅人生

读书是一种心灵的活动。书可以改变一个人的气质，也可以培养一个美人。

自信女人最高雅的风韵，是由内而外散发的文化气质。

当代许多成功女性在回顾自己的成长道路时，常常将人生一些最真诚、最辉煌的瞬间与几本好书联系在一起。一本好书能够给予一个人最初的人生启蒙甚至终生的影响，这是多么神奇！

只有读书，才能“每临大事有静气”。有一句话说得好，能闲世人所闲人，方能忙世人所忙事。这里所谓的闲事，就是读书。喜欢读书，就等于把生活中平常的时光转换成了巨大享受的时刻，读书，可以增长见识，陶冶性情，使人的情感更细腻，兴致更优雅，气质更深沉。淡泊以明志，宁静以致远，非读书是不能达到的。读书为人生带来了美妙的时光，一个人当他（她）沉浸于文学世界中时几乎可以称得上是世界上最幸福的人。

读书是一种心灵的活动。书可以改变一个人的气质，也可以培养一个完人。

到美容院去只能进行外观的美容；到图书馆去读书，那是心灵的美容。一个人的外貌是天生的，再高明的美容师也无法将内心的丑变为外在的美，可心灵的美容可以把外在的丑变为心灵。心灵的美容，能使人风度高雅，气宇轩昂，远胜过胭脂口红的美容和服饰的高贵豪华。英国著名的唯物主义思想家培根说：“读书足以怡情……读史使人明智，读诗使人灵秀，数学使人周密，科学使人深刻，伦理使人庄重，逻辑修辞之学使人善辩。凡有所学，皆成性格。”

一个人要想把自己打扮得漂亮，打扮得可爱，就去读书吧，这是世界上一流的美容。即使长得很丑的人，只要常读书，就可补天然之不足，丑也能变美。长得丑不要紧，如果有了美的心灵，必然会产生美的气质，有了美的气质，就能一俊遮百丑。托尔斯泰说：“人并不是因为美丽才可爱，而是因为可爱才美丽。”

不读书，人往往会走回到从前的愚昧和野蛮状态，精神田园永远是一片光秃秃的荒漠。相反，人一旦有了书读，就会走近文明，走近成功，也就会获取一份智慧，一份欢乐，一份沉甸甸的人生感悟。

一个优秀的女人，仅仅拥有高贵的外表是远远不够的，它更需要坚实的内在因素做后盾，这就是良好的文化修养。

岁月无痕，娇颜依旧，这是古往今来每一个女性所追求的梦想。然而，岁月无情，时间是摧毁女性娇容最残酷的杀手。谁也无法拦住时间的列车，也无法使自己的肌肤永远像少女一样娇嫩白皙。于是，用化妆来掩盖岁月之痕，便成为古今中外女性留住青春的重要手段。

其实，浓妆艳抹仅仅只是一种精神上的自我安慰，化妆品美容的功效毕竟只能起到表面作用。女性的美不仅仅表现在肌肤的细嫩白皙上，更表现在气质优雅、成熟美、有文化的内涵上。于是，一些聪明的女性在充分认识化妆品美容功效的局限性后，开始将心思用在了培养气质美、成熟美、情操美，丰富心灵的内涵上，因为这样的美才能愈久愈醇，永葆活力。

总之，一个气质优雅的女孩，并不是上天的恩泽，而是后天修炼的结果。这一切主要来源于智慧、来源于知识、来源于修养。书是人类最好的朋友，是人类智慧的来源；读书不仅使人睿智，而且可以塑造优雅的人生。

要美丽，先独立

独立自信的女人即使没有爱情的滋润，仍然生活得自在而辽阔。

自立是女人自信的重要元素之一。没有独立的经济来源，没有独立的情感世界，女人永远是男人的衣服；没有一个让自己安身立命的本事，女人迟早会成为怨妇中的一员；不能自立的女人，注定不能把握自己的命运。

女人在经济上的独立是自我实现的首要条件。现在普遍的观点都认同：同甘共苦才是家庭中的智慧。女人肩上任重而道远，旧时的一些观念不仅要改变，女人还要追求自己的地位和财富，追求自己的快乐和幸福。

真正能独立自主的女人，会得到社会及他人的尊重，这是女人寻回自我的首要前提。有事业的女人能与自己的男人平起平坐，能让他们不会轻易产生“是我在养你的”的心理，才能得到男人的尊重和敬佩。

自立的女人不会把终生的幸福完全交在那个他手中（尽管求婚时他说：我会让你一辈子幸福），他哪有那么多精力打理你的幸福，更何况女人对幸福的要求男人一般达不到。所以，女人要和他一起共同为家付出。这样即使当你面对一份支离破碎的生活时，你的自立也会让你重拾生活的勇气，重新开始打理自己的生活。

任何一个值得尊敬的人都是用辛勤的工作，来换取事业的成功的。事业不仅是为了满足女人生存的需要，同时也是体现个人价值的需要。自信女人的一个可贵之处就是能够拥有自己独立的事业，它能给我们以精神的寄托，同时又使我们经济独立、人格独立。

现在更多的女性努力工作是为了释放自己最大的价值，在不断的进取和成绩中获得肯定和自我完善。她们和那些放弃工作、走人家庭的女性形成鲜明对化，更显独立自主，为社会创造价值，是城市街头匆匆奔走的亮丽风景线。

独立自信的女人是天空之中翱翔的鸿雁，是高原上奔跑跳跃的藏羚羊，是花丛中翩翩起舞的美丽蝴蝶……在世间，她们用自己的方式展现着属于自己的美丽。

独立自信的女人拥有广阔的心胸，高瞻远瞩的目光。她们没有临渊羡鱼而后感叹，她们用行动实践着“退而结网”的道理，她们用自己的双手规划自己的未来。她们懂得“靠山山倒，靠水水枯，靠自己永远不倒”的道理，她们学会用自己手中的笔，在蓝图上描绘自己将要创造的山水。

独立自信的女人会给人一个轻松自在的感觉，让人惬意的像漫步在幽静的山林之中；即便面对变幻无常的社会，她们也不会丢掉轻松的微笑。

游刃有余地经营自己的钱财

不要轻率地对待金钱，因为金钱能反映出人的品格。

有效地管理金钱是必要和有益的，是自信女人的一门必修课。

没有人想过贫穷的生活，女人们更是梦想着用自己的双手过上幸福、富裕的生活。但是，女人梦想的成功，从何而来？为什么还是有许多女人在平庸与贫穷中挣扎？

事实上，绝大多数人都拥有成为富翁的能力，即勤奋、节俭、充分发挥出个人所有的能力。我们之所以贫穷的原因，并不是我们不具备这种能力，而是在我们的思想中还没有把合理理财摆在应有的高度，还没养成节俭的习惯。

对于年轻女性，一块钱可能微不足道或许已常常成为你购买零食的牺牲品，但是它却是财富得以生长的种子，是人人都羡慕、人人都渴望拥有的财富之树的种子。如果你想拥有一棵这样的树，如果你想过上富足安逸的生活，你就要理智地克制自己，主动地学会理财，积小流可以成江海。

你也许有这样的朋友，她以前都享受着优厚的工资待遇。现在突然失业了，而她又没有什么积蓄。此时，她可能会抱怨自己的运气太坏，而不会对自己的处境加以冷静地反省。其实，她只是强调了客观条件，而没有挖掘事情的本质，即自己的主观因素——在享受优厚待遇的同时，是否注意到应学会节俭、学会理财、学会提高自己的综合素质：在潇洒地购物消费时，是否关注过你所付出的每一个硬币的分量？

理财专家靳羽西女士曾长期担任纽约华纳梅克百货公司的理财顾问。其工作内容之一就是以个人顾问的身份，帮助那些被金钱烦恼拖累的人。在其帮助的人当中，有年收入不到1000美元的职员，也有年薪10万美元的公司经理。她说："对大多数人来说，多赚一点钱并不能解决他们的财政问题。"事实上，我们经常看到，很多人收入增加之后，其家庭生活状况并没有实质性的改观，不过是徒然增加开支——增加头痛。原因是她们在开源后并没有去节流，没有让每个铜板发挥出应有的效应。

可见，有效地管理金钱是必要和有益的，是自信女人的一门必修课。

第一，懂得巧辟财源。

世上发财机会多，发财门路广，不必在一棵树上吊死。比如，你原来做服装，却发现某种面料吃香，而你又把握了进货门路，于是改做服装面料批发，难道不是一种巧妙的转手得利的机会吗？如果你原来做美容，发现做美容的辅助药液有赚头，一转行成了美发美容的材料供应商，这也是一种巧安排。看看你的四周，你将会发现许多尚未达到饱和的就业市场。你如何利用余暇时间赚钱，你可到图书馆借阅有关报刊、查询就业或兼职信息。拓宽视野后你会发现许多工作机会。

第二，正确预算。

撒切尔夫人早年也曾面临很大的生活压力。为了保证家庭开支的计划性，她将每一便士的用途都记录下来。她难道想知道自己的钱怎么花掉的吗？不！只是想做到心里有数。她十分欣赏这种做法，始终不渝地坚持，甚至到她成为世界闻名的女首相后，依然保持着这种节俭的习惯。

我们每个人也应该立即弄个笔记本学会记账，理财专家建议人们，至少在最初一个月将自己所花费的每一元钱准确地记录下来，并且坚持记录3个月，它将给我们提供一个准确的账目记录，让我们了解钱的去向，并以此作为预算的依据。

预算的意义，并不是要将所有的乐趣从生活中抹杀掉。其真正的意义在于让我们能主动地计划自己的家庭支出，而不致出现寅吃卯粮、入不敷出的情况。

当然，预算须按各人各家的具体情况来拟定，要具体问题具体分析。

第三，购物之前先列出清单。

一项调查显示，很多女性购买者是冲动型购买者，她们没有携带购物单就出现在一家超级市场中。她们没有计划，在商场中四处闲逛，因而很可能在寻找商品上花费了更多的时间。花费的时间越多，所花费的钱也就越多。这个事实一次又一次地被人们所证实。而且，在没有购物单的情况下，人们经常会购买几周以后才会需要或者根本就不需要的东西。

购物之前先列一个清单，这听起来好像需要大量的工作，但实际上并非如此。假如你没有购物单，没有购物计划，那么你每周将在食品店里多花20分钟、30分钟或者更多的时间，那就是你没有提前做好计划的缘故。如果每周占用30分钟，那么在成年人的一生中，这将会是多少个小时？

第四，为事业的未来投资。

一个满怀雄心壮志的人，应该为增加自己的成功机会而慷慨地花钱。在获得一定程度的成功之前，在满足个人享乐方面的开销，应该像个守财奴似的小气。

这就意味着，你应该尽可能优先考虑摆在自己面前的这类开支，例如：参加一个自我提高课程的学习，加入一个有利于自己事业发展的俱乐部，等等。而对另一类花费，如夜生活、时装、好车等，则应该十分吝啬。如果你首先考虑满足事业上的需要，那么，其他方面的生活内容也将逐渐丰富起来。

一个真正希望成功的人，如果把自己的时间和精力耗费在对自己的事业毫无助益的消遣上，那是愚蠢的。那些已经成功的人之所以成功，是因为他们把事业摆在了首位。

第五，有一笔应急储蓄或意外投保。

随着一个人年龄的增长，对家庭所负的责任也逐渐加重。家庭日益增加的吃用、医疗、娱乐、交通和接受教育等各方面的开支，都要靠你和爱人的收入来满足。你所拟定的最合适的家庭收支计划，可能被一次未曾预料到的突发事故所损害，甚至被永久地毁灭掉。即使你为了防止意外事故给自己做了部分保险，也会因为对飞来的横祸毫无准备而摔倒。因此，对任何一个人来说，都需要应急储蓄，就像一个企业公司，为意外开销或负债而保持一定的储蓄一样。

目前国内许多保险公司推出各种保险品种，使人们遇到各种意外和不幸以及一些突发事件时，都有一些小额保险可供我们选择。你可以从平时收入中，有计划地投保一些意外伤害、家庭财产、重大疾病等品种的保险项目。一旦面临意外时，有保险做后盾；可减轻由此带来的惶恐与烦恼。这些保险费用都很便宜。

第六，适度节流。

适度节流也就是说学习如何使自己的金钱在不影响正常支出的情况下，获得最高价值。所有大公司都设有专职采购人员，他们工作就是想方设法为公司采购到价钱最低、质量最好的东西。身为个人产业的主人，何不也这样做呢？

每个人都希望获得更高的生活享受，这是理所当然的。但从长远的目标来看，究竟是哪种方式能给我们带来持久的幸福呢？你愿意将花费控制在预算内生活，还是让账单塞满你的信箱，让债主整天敲打你的大门？

第七，做好孩子的理财教育。

从小培养孩子对金钱的责任感是至关重要的。否则，你这一生辛苦挣钱，而孩子却不懂珍惜，任意挥霍，那一切还有什么意义。

有这样一件事让人难忘，美国石油巨商洛克菲勒的妻子在一文中，叙述她如何教导她的小女儿养成对金钱的责任感。她从银行里取得一本特别“小存折”，交给她9岁的女儿。当小女儿得到每周的零用钱时，就将其“存进”那个“小存折”中，母亲则自任银行行长。然后，在那个礼拜之中，每当她须使用一毛钱或一分钱时，就从“小存折”中“提出”，母亲帮她把余款结存详细记录下来。

这位小女孩不仅从其中得到了很多的乐趣，而且也领会了对待金钱的责任感。那么，长大后的她一定会理财有方，不致盲目浪费金钱，而使自己陷入尴尬境地，当然更不会负债。负债是世界上最苦恼不过的事情。债务像挂在人们脖子上的磨石，会把一个人的体力、气魄、人格、精神、志趣、雄姿消磨得一干二净。债务也像一个恶魔，妨碍家庭的幸福，破坏家庭的安宁。

安德鲁·卡耐基说：“一个人应该学会的第一件事情就是存钱。”这样一个人就会学会理财，对于生活，这是最宝贵的习惯。应知道，理财是积累和创造财富的手段，而且还能磨炼一个人的意志，培育一个人的品格，这种最朴素无华的品质，能慢慢成为最值得称道的高贵美德之一。

不要轻率地对待金钱，因为金钱能反映出人的品格。人类的某些优秀的品质就取决于人的金钱观——比如慷慨大方、仁慈、公正、诚实和高瞻远瞩。而人类的许多恶劣的品质，也起源于对金钱的挥霍滥用——比如贪婪、吝啬、自私、浪费和只顾眼前不顾将来的短视行为。当理财已成为你的生活习惯时，有朝一日你会惊讶地发现，每周妥善地运用几块钱，竟然使自己实实在在地获得了道德品质的升华、心灵素养的提高以及个人经济上的独立。

从现在开始，采取切实可行的办法，努力管好你的财务吧！

把握稍纵即逝的机会

生活中有多少机遇从我们走过我们却视而不见？居里夫人说："弱者坐待时机；强者制造时机。"

有智慧眼光的自信女人能够从琐碎的小事中发掘出机会，而目光狭窄的女人却轻易地让机会像时间一样从眼前飞走了。有的人在其有生之年处处都在寻找机会。他们就像千里马找伯乐一样，寻找一个展示自我，提升自我的平台。对于有心成功的女人而言，每一个她们遇到的人，每一天生活的场景，都是一个机会，都会在她们的知识宝库里增添一些有用的知识，都会给她们的个人能力注入新鲜的血液成分。

伟大的成功和不俗的业绩，也永远属于那些有准备的女人们，而不是那些一味等待机会的人们。年轻女性更应牢记，良好的机会完全要由自己创造。如果以为个人发展的机会在别的地方，是别的什么因素，那么你一定会在机会面前碰得鼻青脸肿，面目全非。机会其实包含在你良好的素养、学识的积累、进取的身影之中。

其实，成功是没有秘诀的，要有的话那就是立即行动起来。天上是不会掉馅饼的。要掉的话，只有陨石。你只有行动起来，才会发现异样的景色，才会发现原来的景色是那样单调与乏味，也才会发现更五彩斑斓的地方其实并不遥远。

许多女性做事都比较缜密，一件事非等筹划到自己认为万无一失，才开始行动，刚刚踏入社会的年轻女性尤其是这样。其实，人算不如天算，所谓的周密计划往往会使你坐失良机。

不管是生活中还是工作中的目标，并非都是“生死攸关”的。而事实上，又有多少事坏于拖拉迟疑。许多女人一开始行动，步子尚未迈出，就想到消极的一面，想到失败，这种恐惧心理削弱了她们的自信，限制了她们的潜能，束缚了她们的手脚，使她们遇事不敢轻举妄动，从而失去机会，流于平庸。

有这样一则寓言，老鹰苦口婆心地教小鹰飞行的技巧。可一遍又一遍的解说效果却不尽如人意，小鹰总有这样那样的问题：“我是先扑左翅呢，还是右翅？平衡到底怎样做到？”老鹰顿了顿，说：“先行动起来吧！”

刚踏入社会的女人一定经常会说“这样贸然行事，无法达到最好。”其实，人根本无法达到最好，但通过实际行动就可以做到更好。只有行动，才会发现自己的不足，积累弥补不足的经验，也只有行动才能使人进步。因此，最踏实的做法就是大胆向前，想做什么就去做，既而去实现自己所向往的目标，完善自我或完善生活的目标。只要向着你的目标大胆地行动起来，生活就会走上正轨并使自己创造奇迹。

当然，在行动中去学习，付学费也就不可避免。就像你走路，你总不能怕摔跤而不去学习走路。为此，每个成功人士都敢于尝试、敢于冒险、敢于做前人未做过的事。其实，尝试、错误，尝试、错误……再尝试直至成功，这正是学习和进步的唯一途径。

行动起来，就有了希望，成功没有捷径。只有在行动中尝试，改变，再尝试……才会达到成功。有的女人成功了，只因为她比我们行动的更早、犯的错误更多、遭受的失败更多。“没有行动的地方，就绝对没有成功。”停止行动之日，便是完全失败之时。

自信的女人，赶快行动起来吧！行动起来，把握每一个稍纵即逝的机会，人生的成功便由此而筑就。

第五章

懂得爱，大胆爱

我选择我喜欢

爱情不是一场被动等待的悲喜剧，而是互相吸引和追逐的游戏。当男人无法沉稳地操控局势时，狩猎爱情的主动权就掌握在自信的女人手中了。

现实生活中，大多数女人面对爱情是被动接受的。于是出现了一个极其可悲的现象。很多女人都不懂得如何主动追求一份美丽的爱情。她们总是认为，女人永远应该是被男人追求的。在面对爱情时采取被动，似乎是女人永远的姿态。她们只表面化地把没有一份美丽浪漫的爱情的原因，归为没有男人来追求自己，她们宁愿采取最愚蠢的方式，永远站在那里等待爱情，最后把自己推到了寂寞的深渊。

实质上，爱情是不会自动产生的，需要运用智慧去创造、去经营。

爱情是需要主动追求的。其实，在爱情的定律里，没有人规定非要男人追求女人。

自信的女人，决不会守株待兔似的坐等爱情从天而降，她们深信没有适当大胆的追求，就不会有美丽的爱情到来，所以，她们的爱情宣言是：我选择我喜欢。她们会像赵敏公主一样去大胆追求真爱。

自卑的女人常常主动放弃爱情，实际上只有当你确定自己已经用尽所有的策略，你才能谈得上放弃。她们常常安慰自己“相信缘分吧！”，但现实当中有愿才能有缘，一定要保持自己获取美好爱情的愿望，再加上大胆而心细的勇气和出奇制胜的策略，女人最终会赢得甜美的爱情的。

大胆把握恋爱脉搏

记住，爱一定要表达。但表达爱意也要讲究艺术，也要把握好脉搏。

自信的女人需要的是明明白白的爱情，她们要爱自己的人同时是自己的所爱，她们要的是生活中两者真真切切的统一。

首先，她们要明确判断对方是否喜欢自己。只要把各种信息集合起来，加以整理，你就会从中发现一些特别之处证明他是爱你的。一般来说，这些特别之处表现在以下方面：

（1）他对你的事情极为关心。你的学习、生活、工作情况、兴趣、爱好，他都表现出非常浓厚的兴趣，经常询问，极为关心。这种关心甚至表现为极为琐碎的小事上，你新理了发或化了淡妆、新穿一件衣服，他都会加以点评或夸赞。你过去在某种场合下说的某句话，你本人都忘记了，他却还记得。更不用说，在你生病、情绪不好时，他会忙前忙后，比谁都关心你。

（2）他对你的家庭、亲友和童年往事感兴趣。一般人交往，对对方地家庭、籍贯、过去的生活经历也会偶尔问及，但都是礼貌性地聊天或介绍性的，如果是喜欢你的异性，会经常提及这些话题，而且听得认真、问得仔细，甚至包括你的性格特点、工作情况都会问及，对你过去的生活经历不管有无意义都会不厌其烦地了解。

（3）他特别注意你与异性的交往。你与任何一位异性的交往都会在他的监视之下，如他会经常漫不经心却有意地问："××是不是你的男友呀？""你与××很般配嘛！"带有明显的醋意。

（4）他经常寻机与你在一起。有事没事，总爱粘着你，即使是参加集体活动时，也总要占据最靠近你的位置，唱歌第一个邀你对唱，跳舞时会主动坐在你身边。总之，带有明显的倾向性。

（5）他主动把你带入他的生活圈子。向他的亲友、同事、同学介绍你，把你带入他的生活圈子，明显让你感到他在自己的生活圈子中"隆重"推出你，让你与他的朋友、同学交往，在他们中间"亮相"，这表明他对你已很特别了。

（6）他漫不经心地送点小礼物。这是一种惯用伎俩，似乎是随意地给你一些小礼物或者说是别人给的，他虽然用转手给你为借口，实则是他精心购置的，如果他经常有这种小礼物，而且小礼物总是对你的心思，让你很喜欢，那么，这就是很特别的小礼物了。

（7）他对你的求助有求必应。你要求他帮助办点小事，他从不推辞，就是费九牛二虎之力也要办成，除非实在是无力办到的事。对为你办事他不但热情有加，而且感到特别高兴，一旦没办成，极为懊丧，总是不断地检讨自己无能。

（8）他总有很多事要你帮忙。他似乎事特别多，这也找你，那也找你，明显不用你帮忙的事，也要烦你一下，但实际上没有哪一件真算一件事，只是多了一次说话或在一起的机会而已。

如果以上几点能得到肯定的答案，那不用说他一定是对你动心了。这时候，你还需要判定他值不值得你爱，值不值得你托付终身，这也是需要把握技巧的：

（1）去他家看一看他的生活方式和生活用品。他的家里摆满书还是挂满球赛优胜奖状？是否摆着与家人的合影？不经消毒你敢用他的卫生间吗？家里凌乱不堪吗？可能他一时没空收拾房间，但如果他就是不爱整洁，那他将很难改变恶习。你必须做出决定，你能与这样的男人生活在一起吗？你能忍受长期生活在如此脏乱的环境中吗？

（2）观察他结交的朋友。你不可能喜欢他所有的朋友，但如果你不喜欢他的大多数朋友，这就提醒你他不适合。男人的朋友圈最能反映他的品位。男子结交一些女友也不是坏事，这有助于他理解女性的弱点和生理特点，表明他能与异性交流。如果他只有女朋友而没有男朋友你就要当心了。这样的男子极有可能时常受到其他男性的威胁，他需要在异性面前坚定自信心。

（3）约会时带上亲友的孩子。他如嫌孩子麻烦，拒绝对孩子亲近，那他永远不会成为好父亲。如果他非但不讨厌小孩，还乐于与小孩交谈甚至伏身听孩子说话，趴在地板上与小孩一起游戏，这男人无疑将成为一个好父亲，你可以与他发展关系。

（4）看他的时间观念。约他8点会面9点才到，说明他没把你放在心上。他觉得自己的时间比你的时间更重要，这实际上是他缺乏对你的尊重。

（5）听他说什么。在自己女友面前充满温情地谈自己的家庭，这种男人最能打动女士。他希望你与他共享欢乐或分担痛苦，这将是可靠的伴侣。只顾自己滔滔不绝，而不顾你是否感兴趣，这人比较自私。还有一类男人喜欢对别人品头论足，看不起任何人，听信传言，甚至对别人的遭遇幸灾乐祸。这种男人趁早离他远点。

（6）看他如何评价以前的女友。讲女友坏话的男人靠不住。既然曾经相爱，为什么要诋毁其名誉，尊重自己以前的女友，才是大度的男人。如果他总是在你面前说前女友的坏话，说明他仍然念她，旧情难忘。

（7）见见他母亲。对母亲不好的男人，你最好别去亲近他。男人对母亲的态度就能说明他对女性的态度。尊重母亲的男人，他同样懂得爱自己的妻子。但是，如果男人过分依恋母亲，言听计从，很可能有恋母情结，没有男子汉气概。

（8）看他对金钱的态度。男人对金钱的态度往往表明他的权力欲。有的男人总是抢着付账，这并不能证明他大方，反而表明他想控制女友；而吝啬的男人、小气的男人的情感方面，也注定斤斤计较。至于挥霍无度，经常透支，甚至负债累累的男人，你千万不可与他交往。

（9）看他对自己的工作是否满意。从一定意义上讲，男人对工作的态度就是对生活的态度：凡是在工作上稍不顺心就跳槽的男人，几乎可以预料有朝一日，当夫妻关系出现一点点挫折时他也会一走了之。

（10）他是否精神健康。爱讽刺别人的男人总是借贬低别人抬高自己。这类男人缺乏细微的情感，心理不健康。还有些男人无缘无故发火，有时冲着电视节目喊叫，还可能对餐厅服务员非礼。他可能在精神方面潜藏着隐患，有发展成抑郁症的危险。

当你确信对方对你有意，而你亦有情时，就该表达爱意了，虽说这已是很简单、水到渠成的事，但表达爱意对于女孩是必须要讲究技巧的。自信的女人会技巧性地表达出自己的爱意，捅破隔在彼此心中的那张纸，揭开爱的帷幕，以便双方携手共渡爱的海洋。

总结一下，女人大胆追求爱情的过程可以称为“三步曲”：首先确定对方是否爱你，其次确定对方值不值得你爱，最后艺术化地表达你的爱。把握好这三个脉搏，你一定会成功获得自己所追求的真爱。

爱情不是一个女人的全部

身为女人，爱情是理所当然的神圣，不可亵渎，但自信的女人懂得，爱情并不是幸福人生的全部。

女人常常在爱情中倾其所有，把自己一生的幸福维系于爱情之上，这是一种错误的方式，它对爱情有百害而无一利。其实，爱情也要划清界限。真正的爱情，是需要分清你我的，你的时间、你的事业、你的隐私、你的想法、你的空间……爱情是一种感受，产生爱情没有固定的模式，留住爱情却有许多规律可循。适时划清界限是爱情和婚姻的保湿因子。

生活中，许许多多的女人成了生活的附属品，成了悲剧的主角。归结其原因，根本一点就是她们爱得太投入了，以至有一天梦中醒来，名誉、财富、爱情也全部不见了。

依附男人是阻碍女人独立和成功的最大障碍，不论一个女人多么富有才华和智慧，总是容易在感情上受到致命伤害，而找不到正确的人生航向。天才少女克洛岱尔为她的导师和情人罗丹奉献得太多了。她丧失了自己的独立性后，失去了本该属于自己的盛名和财富，到最后连爱情都失去了，可以说她铸成了自己的人生悲剧。

女人对感情的期望值往往很高，甚至有一种不屈不挠、执迷不悟的坚韧与痴迷。要知道爱情为女人所赢得的世界是有限的，如果女人能将身心从一个男人那里尽早转向整个世界的话，那么这个女人的人生必将是丰富充实而色彩斑斓的。

当爱已成往事，潇洒地和他说“再见”

善待分手就是善待自己。谁都有可能失败，谁都有可能抓不住命运的舵，要给自己一个改正错误的机会。

何况后来发生的错，并不能证明一开始你就是错的。事物总在变化之中，何况人的感情。

通常女人失恋分手以后会有哪些心理呢?

第一，不愿面对——相信“他会回来的”。你伤心地但充满希望地等待他，只要楼道里的电梯一动或者电话铃一响，就会想：这是他吗？可他可能永远不会再回来啦!

第二，愤怒——“他是个彻头彻尾的混蛋！”你不再哭泣，却气得发抖。只要有机会，你会毫不犹豫地进行报复。但是，在愤怒之后的冷静期，痛苦会再次光临你的内心。

第三，纠缠——“他的家里有灯光。”你像幽灵一样游荡在他身边，却不知自己到底想要干什么。自由是每个人的权利；如果我们不尊重这条真理，最后失去的是自己的尊严。

第四，蔑视——“不管怎样，这个家伙一钱不值。”为了避免太受伤，我们本能地去挑对方的毛病。

第六，自怜——“他从没爱过我，今后也不会有人真的爱我。”别再自虐了。你昏天黑地地睡觉，毫无节制地大吃，谁会心疼你呢？没有人!

第七，妥协——“如果我再减掉两公斤，他一定会回来的。”只要我付诸行动，他一定会改变主意，哪怕他已经有了新的女朋友。

凡事不必太在意，更不需去强求，就让一切随缘。逃避，不一定躲得过；面对，不一定最难过；孤独，不一定不快乐；得到，不一定能长久；失去，不一定不再拥有。可能因为某个理由而伤心难过，但，你却能找个理由让自己快乐，两个人不能快乐，不如一个人快乐；两个人痛苦，不如成全一个人的快乐。

善待分手首先就是善待已经分手的他。既已分手，再纠缠往事，再去论青红皂白都是没有意义的。你想去说清，就只能平添烦恼。谁会心甘情愿承认自己错了，谁都觉得自己委屈。尤其是男人，他即使心里有愧，嘴上也绝不会认的。

善待分手其实也就是善待自己的过去。毕竟你们曾经相爱过，曾经相互给予过慰藉，曾经在一个屋檐下躲过风雨，看过彩虹。你彻底否定他，不也等于彻底否定自己的过去吗？而且否定了，心情又能好转吗？恐怕会更沮丧。

善待分手也就是善待未来。只有心平气和地将过去安置好，才可能在较短的时间里振作起精神，开始新的生活。分手又不是患了感情绝症，只是一次失误而已。只要你冷静下来，就可以为自己开出药方，治好自己的失误。

说到底，善待分手就是善待自己。不要一味地埋怨自己软弱，埋怨自己无能，埋怨自己瞎了眼看错了人……

面对分手，自信女人如是说：

失恋让你年轻五岁，发现自己原来是很天真幼稚的。

失恋的时候，你的朋友会特别多。

失恋给了你一个借口，你可以去尝试你平时不敢尝试的事情：独自在酒吧买醉、与陌生人调情等。

失恋有可能使你从此开始关注事业。

没有失恋，怎么能光明正大地换一个男人？

没有一次又一次的失恋，怎么能成为情场高手？

失恋不是好玩的，让我们疼痛，让我们委屈得痛哭，让我们失去一切欲望。其实失恋的感觉很像我们小时候玩的跳房子游戏，每一格都必须被跳过去，才能到达目的地。

借助以上的建议，我们可以大步地、快速地穿越必经之路，到达自由的胜利彼岸。真爱建立在共同志趣的基础上

莎士比亚说："爱情不是花阴下的甜言，不是桃花园中的蜜语，不是轻绵的眼泪，更不是死硬的强迫，爱情是建立在共同的基础上的。"

爱要激情，更要理智

莎士比亚说："爱和炭相同，烧起来，就没法叫它冷却，让它任意燃烧，那就要把一颗心烧焦。"

每个女人都会面临对爱的选择。而我们对爱情所做的抉择，也许是一生中最重要的选择。因为爱人是要和你共度一生的人。

不管是被爱神射中，还是自投爱神编织的罗网，爱情都充满着幸福和神秘的色彩。但是恋爱也是最难驾驭的，巴尔扎克曾对年轻人提出过忠告："恋爱，尤其是初恋，等于少女们的陷阱，如果缺少对恋爱生活的认识，她们是很容易跌落陷阱而不能自拔的。"很多女人，追求感情上的默契和微妙，而没有很好地综合考虑，因而带有一定的盲目性和不成熟性。

在追求快节奏的现代生活中，恋情一旦擦出火花，其进展很可能就是加速的。在爱情之火越来越旺的时候，如何控制好火候至关重要。因为热恋能够引发人的潜力，让人奋进，使人有幸福感。但是如果处理不好可照样会"引火烧身"。

烧伤轻度：出现"期望效应"，把自己所希望出现的特征赋予对方，所谓"月移花影动，疑是玉人来"。把自然景物和周围环境都打上爱情的印记，但此时易出现学习和工作时心猿意马，注意力不集中，导致成绩下降。

烧伤中度：情绪变化莫测，热可达到白热化，冷则骤降至冰点，高兴时神魂颠倒，云里雾里，迷迷瞪瞪，懊恼时垂头丧气，无精打采，仿佛世界末日，这种情绪的大起大落，会给身心健康带来不良影响，也不利于爱情的顺利发展。

烧伤重度：热恋时人的认识活动范围会缩小，理智分析能力受到抑制，习惯行为受到破坏。由于自我控制力减弱，不能约束自己的行为，不考虑后果，因而可能导致性行为，未婚先孕，甚至做出违法乱纪的事情，使自身的名誉和自我评价受到损害，甚至影响自己一生的幸福。

因此，在堕入情网之前，我们还是应该保持足够的理智，用理智的头脑拴住爱的“小草”。爱情是把双刃剑，舞弄不好就会伤己伤人，而自信的女人却有着独特的体会：爱情在我的眼里像个助推器，运用得当能把你送上九霄云外，一饱苍穹的震撼与撞击。

别为爱情放弃友情

冰心曾说：“爱情在左，友情在右，他们在生命之路的两旁，随时播种，随时开花，将这一径长途，点缀得花香弥漫，使穿枝拂叶的人，踏着荆棘，不觉痛苦，有泪可落，也不是悲凉。”

每一个女人，在她漫长的一生中，一定要拥有几个亲如姐妹的好友，这种好友，有一个温暖的名字，叫“闺中密友”。闺中密友的情分，细细绵绵，悠悠长长，一辈子也倾诉不尽。在各种角色压力充斥女人生活空间的今天，懂得爱自己的新女性在拥有“闺中密友”的同时也经营着自己的“蓝颜知己”。

有了朋友就会有惦念，被人惦念是一种幸福；而朋友多了，惦念就会多，幸福便像春日里的花，盛开在每一个角落。时光可以沉沦，岁月可以磨钝，朋友的友谊却颠扑不破。事实上，更多的时候，朋友是港湾，是一种停泊。有了朋友，可以尽情地释放心情，愉悦地跨越人生旅途的障碍，轻松舒展地走过四季。

很多女人都体会到来自于“死党”“闺中密友”的幸福。

有了那种喁喁私语、亲密无间的女朋友，她会在你受到委屈、误解、伤心时耐心地倾听你的苦恼，给你以安慰；在你遇到困难、经受困苦、需要帮助时，她会无私地伸出双手，给你以帮助。交了这样的女友真是应该珍惜。

然而，女人间的友谊，一定要把握好分寸。亲如闺中密友，也应该有一定的距离，这样，才会让你们间的友谊长久保鲜。在你们的交往中，最重要的一点就是尊重对方的隐私，不要把“无话不说，无所不谈”作为情深的最高标准。是否成为知己，不在乎言语的多少，关键在于理解。

除了几个闺中密友之外，自信女人还应有“蓝颜知己”。与“蓝颜知己”的感情是女人友情世界中的珍品，它是升华了的精神友情，它没有爱情中的卿卿我我与无端牵挂，它不像爱情那么娇嫩且易夭折。它是无须侍弄的仙人掌，充满水分，时时滋润你的心灵沙漠；它坚强而毫不鲜艳，在一切都凋零时依旧在你身边泛着翠绿。

一个“蓝颜知己”，并没有人苛求你去爱他，你可以喜欢他，比喜欢一个朋友还要喜欢，但不是相爱。你和他不必因走得太近而造成彼此的伤害，而与友情相比，它又多了一份来自异性相吸的引力和魅力，其丰富隽永的意蕴又非单纯的友情相比，彼此间的关注已经渗入到心灵深处，这是一种奇妙而现代的感情。

一个男人与一个女人深沉的友谊，对于彼此，是一种阳春白雪的照耀，值得一生珍藏与呵护。

拥有蓝颜知己的女人应该算是这个世上最幸运的一类女人。与一个没有感情纠葛的男人交往，彼此都有着那样多的共同语言，彼此都有息息相通的感觉，在滚滚红尘中，得以用一种深沉的感情互相照看，使她们有机会冷静地换一种眼光看待自己，同时更深入地了解异性的世界。一个懂得欣赏与沟通的女人，必定对于世界有一种更加宽容的态度，在这种态度的吹拂下，世界在她眼中，无疑是美好而温情的。

正是这些“蓝颜知己”们用自己健康的心灵去安慰、关怀着现代女性。使女人们走出家庭和婚姻为主的情感旧旋律而构建起更为丰富、完整的现代新型感情世界。

因为朋友是陪伴你一生的人。一生中，除了亲人，没有别人能像朋友一样为你祈祷平安，所以，要珍惜朋友，热爱朋友，像爱护眼睛一样呵护与朋友之间的友谊，这样，你就会享受百分百的快乐。如果找到了知己朋友，你们会比亲姐妹还亲，你可以尽情地倾吐一切，不必像在父母面前那样考虑辈分的尊严，不必像在上司跟前那样拘谨，也不必像在同事之间那样照顾身份和形象，只要你想到了，就可以畅快地流露，尽情地宣泄，一吐为快，还原扭曲的自我。只有朋友可以毫无顾忌地接受这一切，所以，朋友才是永恒的财富，是在你困难时给你帮助，在你软弱时给你勇气的人。

生活中，人人都会有朋友、知己，这种友情是一种最纯洁、最高尚、最朴素、最平凡的感情，也是最浪漫、最动人、最坚实、最永恒的感情。人人都离不开友情，你可以没有爱情，但是你决不能没有友情；一旦没有了友情，生活就不会有悦耳的声音，就死水一滩；友情无处不在，它伴随你左右，萦绕在你身边，和你共度一生。

第六章

与岁月坦然相处，精致到老

浓妆淡抹应相宜

爱化妆，是一个自信女人积极生活的需要；会化妆，是一个自信女人智慧人生的体现！

女人的脸，是上帝赐予的最珍贵的礼物：白皙晶莹的面孔，精致美妙的五官，美目一开一闭，红唇一张一合，都在传递着来自心灵的信息。

对女人而言，这样的礼物，需要用一生去爱惜，需要用一生去呵护——化个美丽的妆，呵护你的容颜，展示你的娇美，是你一生的责任。

说到化妆，有的人以为只是做一些表相的功夫，不值得太卖力，无需多在意。事实真是这样吗？其实不然，任何表相中都蕴藏而深刻而丰富的内涵。一位有名的化妆师说：“化妆的最高境界可以用两个字形容，就是‘自然’，最高明的化妆术，是经过非常考究的化妆，让人家看起来好像没有化过妆一样，并且这化出来的妆与主人的身份匹配，能自然表现那个人的个性与气质。

“次级的化妆是把人凸显出来，让她醒目，引起众人的注意。

“拙劣的化妆是一站出来别人就发现她化了很浓的妆，而这层妆是为了掩盖自己的缺点或年龄的。

“坏的一种化妆，是化过妆以后扭曲了自己的个性，又失去了五官的协调，例如小眼睛的人竟化了浓眉，大脸蛋的人竟化了白脸，阔嘴的人竟化了红唇……”

爱化妆的女人，懂得追求生活的美；会化妆的女人，懂得把握艺术的美。无论如何，女人是离不开美的，在这个世界上，到处都充满了美，在这个现实中，又到处都缺乏美。因此，女人不仅是美的追求者，还应该是美的创造者、表现者。

女人的美丽不单是出自经过修饰的眼睛和细心保养的皮肤，而是出自整体的妆容效果。眼睛和皮肤的美丽常常是一目了然的，而好的妆容则是自信女人用智慧和修养精雕细刻出来的。

通常好的妆容所表达的美，是可以超越本体的。那份与身体的和谐，那份洋溢于周身的风采和神韵，那份内心世界精彩的描述和渴求，是需要用心去表现的。相反，不良的妆容会损坏女性的美感——视觉的美感、品位的美感和素养的美感。

因此说，爱化妆，是一个自信女人积极生活的需要，会化妆，是一个自信女人智慧人生的体现。不合时宜的浓妆艳抹，会给人一种层次、品位不高的感觉。

在什么场合下化什么样的妆，是大有学问的。如果是参加舞会、晚会、婚礼，或者其他什么庆典活动，浓妆艳抹一些，就让人觉得喜庆、隆重、欢快，不化妆的女人在这时倒有些不合时宜。而在个别交际场合，却不宜这样浓妆艳抹，大红大紫。首先，人为地拉开了交际双方的距离，使对方觉得这位女性是戏里的角色，可望而不可即，无形中她的盛妆成了一层厚厚的“障壁”，成了交际的障碍。其次，不分场合的浓妆艳抹，往往给人一种缺少自信的感觉。想借盛妆来突出自己，吸引别人注意力。

其实，有些女人常常过高估计漂亮脸蛋在别人心目中的作用。一般而言，除了漂亮之外一无所有的女人，不会使人真正喜欢的。生活中长相一般化的女子比比皆是，她们常常比漂亮女人更受人喜欢，就是因为她们拥有除漂亮以外的许多宝贵的东西。所以，聪明女人的打扮往往淡而不露，犹如形容好的文章那样：“不著一字，尽得风流”。

注重衣着，不等于浓妆艳抹。在什么场合下穿什么样的衣服，化什么样的妆，是大有学问的。

每个女人都有美的潜能，发掘这种潜能的方式便是化妆。化妆可以突出你的优点，掩饰你的缺点，像魔术师一样创造美丽动人的形象。只是要注意浓妆淡抹应相宜，这样才能助你在社交活动中取得成功，拥有亮丽多彩的人生。自信女人如是说。

呵护肌肤是女人一生的功课

张爱玲曾经说过"出名要趁早。"套用这句话，女人的肌肤护理也要趁早。

靓丽的肌肤作为女人的身份证，总在不经意间，流露出她的气质、个性和素养。

如果你想让自己尽展活力与激情，如果你不想让肌肤泄露出苍老的秘密，那么，行动起来，让岁月积累的内在的、深厚的美质，通过肌肤的美丽流进人们的眼帘。

平滑、细腻、光洁、富有弹性的肌肤在视觉上传递了美好、温良、愉悦的感觉，而粗糙、灰暗、有色斑以及凹凸不平的肌肤多给人以负面的印象，甚至引发距离感和排斥感。因此，女性肌肤的养护已不单是挽留青春、保持光鲜美丽的问题。

女人肌肤的美丽，首先体现在脸上。

脸上的肌肤经常暴露在风、空气、烟雾、灰尘等的污染之中，受到阳光的侵害，此外，皮肤还受到季节变化、饮食、药物等各种因素的影响。因此，女人要想拥有干净而富有弹性的肌肤，必须懂得养护肌肤。

首先，要分清自己的肤质，采用适合自己的洁面保养方法。油性肤质的肌肤，皮脂分泌较旺盛，需要清爽型的化妆水。化妆水应有保湿的作用，但是，擦完化妆水后记得要抹上清爽乳液。若有收敛水，记得在最后步骤再擦，这样有助于毛孔收缩。若有控油的产品，则可免掉收敛水，直接擦上化妆水与乳液即可。

干性肌肤适合用保湿滋润型的保养品，并切实做好基础步骤中的乳液及精华液的保养。如果你的肌肤不但缺水，而且缺油，就必须使用含油的乳液作保养。在干燥的冬天里，最好养成敷脸的习惯来加强保湿。夏天的时候只需要注意乳液、精华液的补充即可。另外，眼睛部位容易干燥，别忘了用眼霜给予呵护。

中性肌肤的保养相当简单，只要切实做好基础步骤即可。平时，稍加留意，将柔肤水改为收敛水，轻拍于脸部，收敛毛孔即可。此类肤质本身的保湿能力没有问题，若过度使用高效保湿营养品，反而容易造成相反效果，使肌肤的保湿能力降低。总之，只要按照基本步骤，确实做好保养工作，想拥有健康无瑕的肌肤并非难事。

混合性肌肤同时拥有油性与干性两种肤质。此类肤质的保养不如其他肤质容易保养。必须特别注意脸上的两种部位，一个是T字部位，一个是脸颊部位。所以，必须适当对T字部位控油，而脸颊部位则必须着重保湿。

其次，要注意季节的变化对皮肤的伤害。

春季皮肤的状况最不稳定，这是因为季节更替，皮肤要适应寒冬转为暖春的变化所致。紫外线强烈的日子，突然换上短袖衣服，较易产生红肿和发痒等病症（紫外线皮肤炎）。

夏季，汗水和皮脂分泌旺盛，虽然汗水能帮助排热，但汗液同时也是细菌滋生的温床，所以夏天应勤于沐浴。另外，夏日强烈的紫外线照射，也是首先要防范的。

秋天干燥，预防雀斑和皱纹显得尤为重要。

冬天，进出室内的冷暖空气是使皮肤干燥的主要原因，所以最好在沐浴后擦上美容霜之类的保养品，以防止皮肤水分的蒸发。在步入暖气间时，也要注意湿度的调节。

此外，要健康地饮食。饮食营养要全面，特别要注意增加饮食中维生素的含量，少食刺激性的食物，更不能为了节食而完全排斥脂肪的吸收。

同时，还要保持健康的心理状态并减少药物的刺激。良好的心理状态有助于内分泌平衡，而药物则是肌肤的大敌，尤其是安眠药，会使体内产生过多酸性。激素失衡，会让脸上长出雀斑。

适量运动也是拥有美丽肌肤的良方。瑜伽、跑步、芭蕾形体、舍宾、跆拳道、低氧体操、有氧拉丁、水中健身以及各种塑形健身等，都成为现代女性美丽肌肤的方式和法宝。

其实，生命里每一个春夏秋冬都是展示美丽的季节，只要你了解四季的气候和自身的因素，顺应季节保养呵护，就能在每一天都展现出最迷人的风采。

呵护肌肤是女人一生的功课，只要保养得当，任何年龄段都可绽放你的美丽。

让秀发飘逸飞扬

要做一个仪态万千的自信女人，就先做一个清新飘逸、轻舞飞扬的韵味女人吧。

清新飘逸的秀发是女人的又一张脸，从中可以反映出自信女人的种种细节，拥有健康美丽的秀发是女人保持青春活力的魔杖。

那么，我们该怎么做才能让秀发飘逸飞扬，为自己增添魅力分值呢？选对适合的洗发用品，是进入美发之门的第一步。

一个好的洗发用品应具备这样的特质：能适度地把头发洗干净，也能有许多泡沫，还可以保障头发在清洗过程中不会因受到摩擦而被破坏。洗完不仅有舒适感，还有柔顺感以及自然光泽。使用中，不会使眼睛感到痛或是使头发受伤。

洗发就如同护肤一般，必须从最基本的清洁工作做起，完整的清洁工作才能除去阻碍吸收养分的物质，后续的滋养动作才能有效。

洗发前先将头发完全梳顺，有助于防止清洗时头发打结或断落。将凝胶涂抹于头发上，稍加按摩后停留10分钟。这样能深层清洁头皮，去除头皮屑，抑制细菌、微生物过度繁殖。将头发由头皮至发尾用温水完全浸湿。取适量洗发精倒于手心，不要直接倒在头皮上。

在洗发水中加入水分后搓揉成泡沫状，再分成头皮和头发两部分清洗。手指腹在头皮上来回按摩，促进头皮的血液循环，清除老化角质与油污，然后用温水将头发充分清洗净。

将护发素涂抹在发尾处，以增加头发的弹性和保护膜。用温水仔细冲洗头发，因为冲洗不干净对发质的伤害很大。再用干毛巾轻轻按压发丝，千万不要粗鲁地用力摩擦脆弱易断的发丝。

润丝、护发不能省。润丝精、护发素这两种产品的功效是迥然不同的。润丝精着重保护，避免整烫吹风等对头发的伤害，可天天使用，亦可着重于发尾的部分加强使用。护发素是重新修缮的功能，修补受损发质，隔离紫外线的入侵，一周一次即可，由头皮至发梢，揉进头发各部位，再用清水冲洗干净。洗净后，可用宽齿梳从头梳至发尾，并用毛巾包裹头部，让护发素的保湿成分得以完全发挥。

季节变化、空气污染、烫发染发等化学损害、过度吹发等物理伤害、挑食偏食等造成的营养不良，都会使头发变得干枯、开叉且易折断。这时，简单的洗发和润发就无法从深层修护改变发质。而定期使用焗油产品可以弥补头发的营养不足，它丰富的营养能深入头发内层，给你的秀发强力保湿和营养，使头发具有活性和弹性。所以，头发深层护理的关键是焗油。

定期焗油是头发生长、保养和修护所必需的。最好能够每周做一次。使用家用焗油产品简单轻松，最适合日常使用。在每次使用洗发水和护发素后，把焗油发膜类的产品直接抹在头发和发梢上，特别是发根部位，保持3～5分钟，然后彻底冲洗干净即可。

当然，在今天这个讲究整体造型的时代，我们肯定不能忽略发型设计。选择适合自己个性的发型可以让你饱享美感，心情也与秀发一起飘逸。

发型对于女性的意义就在于告诉世人：女人就是女人，是来自于自然的天生尤物，谁也无法取代。

职业女性的身份与矜持，不容你在办公室里过于抢眼，细想一下，一成不变的日子真的是你的生活吗？也许，只要一点点的变化，就是另一番心事了。鬈发不但能改变发线弯度，使脸部线条更加柔和，而且变化多端，使女性忽而妩媚，忽而狂野，这就是鬈发的魅力。

头发的整洁与否直接影响着一个人的形象，因此对头发的保养和对肌肤的呵护同样重要。想想看，女人要是有一头不太健康的头发，再靓丽的肌肤和时髦的妆容也会黯然失色。正因为头发与面容一样，成为别人对我们印象的第一落眼点，所以才值得我们女人为这千丝万缕每天“大动干戈”。

所以，要做一个仪态万千的自信女人，你就要先做一个清新飘逸、轻舞飞扬的韵味女人。

曲线是自己创造的

只要你用心，想有好身材并不是件困难的事情。

天生的美丽也不是不会失去，重要的是要抓紧时间，不仅要学会享受，更要学会珍惜。

当人们对女人匆匆一瞥时，瞬间最打动人的是什么?

不是皮肤是否洁白细腻，不是头发是否乌黑富有光泽，也不是眼睛是否大，鼻梁是否高，而是身体的形态，是否有美感。

大多数女人都曾经拥有过美丽可人的身材，你也如此——在充满青春活力的少女时代。当青春之神款款降临到你的身上时，你的身体就发生了奇妙而令人欣喜的变化。当你渐渐地拥有了优美的曲线，并且身体的每一个部位都能吸引周围热切的目光时，你也许会在下意识里觉得自己就是维纳斯。

但美妙的身材并不是可以持久地让你轻易拥有的。在你没有好好珍惜的时候，它就会悄悄地变化，变得走样，生活中的很多人总有着这种无法言表的惋惜和遗憾。

爱美之心人皆有之，如何塑造自身的美好形象，已成为广大女性共同关注的问题。高耸的胸、纤细的腰与修长的腿，都是我们共同追求的目标。不用急，只要你在平日里做好日常塑身功课，日积月累，好身材自然随心而来。

1.胸——做女人“挺”好

做女人还是挺好，柔和而丰满的线条、结实挺秀而有弹性的轮廓，给人无限的视觉美。决定乳房的形态美，主要有形体、大小、位置等要素。女人的乳房，形态大约有三种，即圆锥形、圆盘形与半球形。半球形乳房是指乳房基底圆的半径与其高大致相等。乳房若过于下垂或位于外侧就不算美，如果半球形乳房下部曲线弧度稍大、圆更为丰满、乳头在第四肋骨处，则被视为最标准的乳房。就东方美女的体形而言，女性的胸围=身高×0. 515为最妙。

要想收获自信的“挺胸”，你需要注重这些细节：

（1）胸围保养。一定要戴有较强承托力的胸罩，更不能贪凉快而不戴胸罩，而且要常作胸部运动，让乳房保持长时间的结实和弹性。

（2）按摩。经常按摩乳房可使其丰满挺耸，可收到令人满意的效果。常用的方法有三种：按压大椎穴、旋转按摩法和轻压法。下面介绍轻压法的具体步骤：先用右手托住右乳房，再将左手轻放右乳房上侧，右手沿着乳房用掌心向上托，左手顺着乳房向下轻压，20次以后，再按摩左乳房。此法可增加乳房弹性，有益于乳房发育。上述方法如在洗浴时进行，效果更好，如坚持3个月，一般可使乳房隆起1−2厘米。

2.腰——做个迷人“腰”精

腰是运动的中心，腰部的动作极富优雅感与韵律，因为它承上启下，有蜿蜒施展之妙，给人以无限的遐思。因此，细腰成为美人的一大要件，古人以“小腰”“纤腰”“楚腰”等形容美女腰的柔软、纤弱。柳腰迷人，在于腰细能更好地衬托出高耸的胸和丰满的臀，让上高下圆的双曲线更诱人。故有“腰肢风外柳”“纤腰宛若步生莲”之叹。一般说来，女人的腰围=身高×0.37最为合适。

拥有纤腰是每个女人的梦想，许多健身专家都有这样的结论：相对腿部而言，腰腹部是最容易瘦下去的。纤腰最实际的做法就是做运动，只要动作到位，并结合饮食控制，一个月就能有明显效果。下面介绍几种纤腰运动。

（1）简单收腹运动。这个运动虽然简单，但非常有效，躺在地上伸直双腿，然后提升，再放回，不要接触地面，重复做15次。运动密度：每日3−4回，每回15下。

（2）仰卧起坐——练正腹肌。要诀：膝盖弯成60度，用枕头垫脚；右手搭左膝，同时抬身使肩膀离地，做10次，然后换手再做10次。

（3）呼吸——练侧腹肌。要诀：放松全身，用鼻吸进大量空气，再用嘴慢慢吐气，吐出约7成后，屏住呼吸；缩起小腹，气上升到胸口上方，再鼓起腹部将气降到腹部；将气提到胸口，降到腹部，再慢慢用嘴吐气，重复做5次，共做两组。

（4）转身——练内外斜肌。要诀：左脚站立，提起右脚，双手握着用力扭转身体，左手肘碰右膝。左右交替进行20次。

3.腿——美腿自然成

生活在浮躁都市里的白领丽人，那些除了中午用餐和上洗手间外必须全天坐在写字间的美眉，办公桌上脸庞秀美依旧，办公桌下肢体却臃肿不堪，于是乎，信心与美丽渐行渐远。

其实，要想让下半身同上半身完美结合，真的是很简单，只要你坚持按下列步骤去做，相信你不久就会自信如初！

（1）跳操——没时间，节食——没毅力，辞职——没勇气。可怜有些女人，为了守住一份高薪舒适的工作，放弃了美丽，透支了健康，甚至失去了与爱人的亲密。

（2）上楼梯：尽量不坐电梯，多为美腿制造机会。上楼时两个台阶一起迈，尽量抬起脚跟走，将重量移向前腿，这样可以消除大腿内侧赘肉。

（3）坐椅子：将两条小腿用力盖在一起，从一数到八后再交换两腿。重复该动作N遍，呼吸不要停止，据说这样可以锻炼小腿线条。数数儿时心中默念就行了，切忌不要数出声来贻笑大方。

（4）走路：即使是去五米开外的厕所，也不要像逛街似地慢慢溜达，尽量将步子迈得大些，更大些，让腿上全部肌肉都得到锻炼。

（5）除了上面几种方法之外，你还可以参加一些长时间、低强度的有氧运动来减肥，如游泳、慢跑、单车、步行等。以有氧运动减肥，不需要太注重提升心率，反而要注意在运动中消耗多少能量。此外，你也可以舒舒服服地享受香熏，香熏功效神奇，具有减肥功效。同时适当增加对身体的投资，如各种身体保养、水疗等。

总之，只要你用心，享有好身材并不是件困难的事情。要相信自己，相信自己一定会拥有完美而健康的身材，坚持就是胜利，只要持之以恒，其实，美丽身材离你并不遥远！

衣着是体现内在的无声语言

衣着服饰是一个女人内在品位、气质的无声表达，是彰显个性的魅力语言。

服饰覆盖了一个人身体的大部分，往往当我们还没有看清对方的容貌，来不及揣测对方心理状态的时候，大面积的服饰已经给出了最重要的暗示。

专家们喜欢说，我们生活在一种匆匆而过的“街道文化”当中，无论你喜欢与否，在未来社交中起决定作用的是你留给他人的信誉，以及你终生在众人心中所处的位置，而这些往往都是通过最初你的外表留给人的印象所构筑起来的。

服饰是一个人内在品格的表现，是一个人涵养的外化。使自己的服装整洁得体，同样也是增强气质魅力的重要途径。

是前卫时尚，还是端庄大方，是流行时髦，还是矜持有度，一千个人就有一千个答案。试想：如果你穿着进口丝质睡袍出现在街上，穿一身日常便服去听高雅音乐剧，再或者你穿着鲜艳的衣服去参加人家的追悼会，那将是一幅什么样的图画。

在服装设计课程上有这样一句话：没有不美丽的女人，只有不会穿衣服的女人。我们发现人群中，总有那么一种人光彩照人，虽然一闪而过，却总会让人久久难以忘记。那一举手、一顿足总是惹人注目，与众不同，这就是服装所展现出来的气质魅力。

俗话说“三分长相七分打扮”“佛靠金装人靠衣装”是有一定道理的。我们一定要学会穿衣，让自己美丽起来。

冷静面对时尚热潮

自信的女人不追求潮流，却能独具匠心，穿出个人品位。她们能传达出内心的成熟与丰富，像一杯醇厚的葡萄酒，令人微醺微醉。

穿着打扮讲究时尚，但时尚不是真理，没有必要被我们视为生活的理想，更不必要刻意地去追求。当你冷眼看时尚的时候，会发现时尚其实是一种很无所谓的东西，不会影响生活的质量，如过眼云烟。

时尚的东西可能是最耀眼、最热闹的东西，却未必是最好的东西。时尚不是真理，没有必要被我们视为生活的理想，更不必要刻意地去追求。当你冷眼看时尚的时候，会发现时尚其实是一种很无所谓的东西，不会影响生活的质量，如过眼云烟。

时尚是那种随时在你身边，你又无力抓住的东西，比如风。时尚不听你的，也不听他和我的，时尚自由自在无拘无束。如同你黄昏散步呼吸到的袭人花香，如同你清晨登山听到的缥缈清歌。时尚让你会心，让你会意，却无法追逐，无法制造。但是，时尚又会告诉你，它并非遥不可及，随心就好，随意就好。时尚的本质，还是生活。不要刻意领先时尚，时尚为你的心情而生。

没有人能够真正说清什么是时尚，变幻莫测正是它的脾气。拼命地赶时尚潮流，把自己的本色荡涤得干干净净，好一阵云里雾里，到头来属于自己的珍爱却是一无所有。

时尚是一种很有魅力的东西，时尚也是一种很模糊的东西。因为有魅力，时尚为众人所追逐。因为玄妙和模糊，不少女人陷入了追逐的误区。

比如，现在越来越多的高级白领把去健身房锻炼身体当成一种时尚。殊不知，锻炼身体的好地方不在健身房而是在室外。健身房里装修残留的有害气体和一些粉尘反而对健康不利。

总之，时尚可以追，但健康却不能不要，没有了健康怎么去追求时尚?

潮流都喜欢玩新，这不是问题、问题是现在人们太容易被潮流主宰，而走进了一个依赖他人标准安排自己生活的年代，失去了自己的标准和理由，失去了自己对生活的感受，这直接导致人们生活品质的下降。

自信女人面对时尚，有着冷静而独特的追求标准：

第一，她们要时尚与年龄和谐。

时尚具有很强的年龄特征，不同年龄追求不同的时尚，已经成为普遍的生活现象和文化现象。女性要根据自己的年龄特征选择适当的时尚服装。处于青春妙龄的少女，身材优美，体态轻盈，全身洋溢着勃勃生机。她们只需着以活泼明丽、宽松利落的时尚运动装或简便装，少女的天然美、韵律美就会自然含蓄或淋漓尽致地表现出来。青年女性，从年龄角度来看，应着以明朗色彩的时尚服装。这类服装跳跃性强，视野空间较广，且一般装饰性线条较多，可给人以热情、振奋的感觉。中年女性应着以柔和性色彩的时尚服装，这类服装色彩心理反射不太强烈，美的流动感中等，装饰性线条不太多，显得安定而宁静，给人以沉静、典雅之感。

第二，她们要时尚与性格和谐。

每个女人都有自己独特的个性，那么在追求时尚方面也应如此，根据自己的个性选择时尚，追求时尚与性格的和谐。模仿不是美，拼凑不是美，时髦也不一定是美。只有当内在性格与时尚追求和谐一致时，女人的美才能得到最充分的体现。

当时尚成为女人的一种“强加物”时，它会破坏与肢解美。如旗袍给人以文静的感觉，“假小子”式的姑娘就不宜穿着。所以，女性追求时尚时要注意服装款式、色泽、质地都应与个性吻合，不可一味模仿。

第三，她们要时尚与环境和谐。

追求时尚的人往往具有个性，但是在追求时尚、强调着装个性化的同时，还必须重视环境的因素，即在选择时尚服饰时，应与一定场合的气氛和谐起来。如办公室里不宜着过分时髦的时装，职业女性也不能什么颜色的头发流行就烫什么颜色，如果在比较严肃的环境里工作，刚好社会上流行红色，你头顶耀眼的红发去上班，肯定会引来异样的目光。

因此，女性追随时尚还要考虑与场合、氛围相统一，与生活环境相适应。

第四，她们要时尚与职业和谐。

女性由于职业不同，在社会上扮演的角色不同，因而在与时尚同步时要注意与自己的职业相协调。例如女记者，免不了与各种人打交道。为了使采访、调查工作顺利进行，你就得想方设法创造轻松愉快的气氛，因此穿戴不要太前卫，以至让人不愿意与你接近。

第七章

在复杂的世界里，从容淡定做自己

尔虞我诈的世界里保持诚实

一个言行诚实的女人，因为自觉有正义公理为之后盾，所以能够自信地无所畏惧地面对世界。

没有健全的美德，不能做到诚实的女人是很危险的。她们在平时也许是愿意站在正直的一方面的，但是一到利害关头，她们就要离开正直，就不说正直话，不做正直事了。

她们也许并不正面说谎、欺骗，但她们往往不能站在一个诚实正直的人的立场上说话。她们不明白，在她们多得到这份钱的同时，却损失了一分品格。她们的钱袋中固然是有所收益了，但她们的人格却是降低了。

而且，世间不知有多少诚实的个人或企业会在日后觉悟到，欺骗的行为是暂时的、是不可靠的，是要失败的。所以，即使从利害关系这一点上考虑，诚实也是一种最好的策略。

一个言行诚实而自觉有正义公理做后盾的女人，与一个说谎话欺骗别人而自以为说谎话能一时欺骗别人的女人，她们所蕴含的力量和影响，相差甚殊。一个言行诚实的女人，因为自觉有正义公理为之后盾，所以能够自信地无所畏惧地面对世界。她有“自强而不缩，虽千万人，吾往矣”的气概。而一个言行不诚实的女人，却会在内心听到这种声音：“我是一个说谎者，我不是一个好女人；我是一个行为卑劣者，一个戴假面具者。”因此，说谎话的女人是女人中的失败者，是堕落的女人，更谈不上魅力了。

一个人离开了诚实，就失去了作为人的资格。有些年轻女人，为了取得一些小利小名，会把自己的人格和名誉，不负责任地肆意挥霍，这岂不是一种可悲的现象吗？一个出卖人格，出卖尊荣，出卖名誉，出卖一切的女人，是绝对不能成功的。同时，一个不诚实的女人，也会常常受内心的谴责。

自信的女人让世界更精彩，在尔虞我诈的世界里，她们永远保持诚实的本色，宛若象征公正的女神。

残酷竞争的世界里保持善良

很多时候，女人用善良谱写了人间的凯歌。

在社会上生存，尤其是在这个充满竞争的社会中生存，很多女人都在想方设法出人头地，但是，在前行的时候，一定不要忘了人性当中最美好的东西：善良。

因为善良，女人成为可爱的使者、美丽的化身；因为善良，女人逢山开路，遇河架桥，成就许多大事业，办成许多男人办不成的事情；因为善良，女人使许多事情峰回路转、柳暗花明。

善良的女人即使外表不漂亮、不引人注目，但她的一举一动却显示出内心的丰富与深厚。

善良的女人还会有很深的涵养，她绝不会斜眼瞧人，也不会在大庭广众之下指手画脚，哪怕你踩到她的脚尖，她也只是轻轻一笑，让你觉得她无比美丽动人。

善良的女人是一本书，翻尽所有的智慧，把快乐带给你。

善良的女人是一张纸，写下所有的烦恼，把快乐留给你。

如果某天，医生对你说，你的生命只有3天，你会在这3天里做什么？

自私的女人说：“我会去享受生活，花光所有的钱，好好打扮自己。”

小资的女人说：“我会好好旅游，去看看海，去爬爬山。”

善良的女人这样说：“我会像什么也没发生一样，好好陪着我的亲人走完生命最后的路。”

优秀的女人必须是善良的。之所以把善良看得如此重要，是因为善良是这个世界上最美好的情操，是人类先天存在的唯一崇高的根基，人之初，性本善。有人说善良的女人能像明矾一样，使世界变得澄清。女人的善良是人类温情的源泉。

鱼龙混杂的世界里保持纯真

当你收获了内心的纯真，你的心灵便如天地间的精灵，可以尽展羽翼，圆满、轻灵而自由地飞翔！

纯真是一个人内心深处最美好、最真实、最纯粹的情怀，和年龄经历无关。纯真的女人是一片匀净的玻璃，不像钻石五色缤纷，光芒四射。但在她的心里，你可以看到一个真实的世界，她给你的是一个准确的参考，不缩小丑恶，也不夸大美好。

纯真的女人字典里没有虚伪、没有狡诈、没有陷阱，没有迷惑。她一切过滤后再呈给你，她让你的心灵总是透明，和她一起不必设防，完全可以放松高度警惕的心脏，和她在一起做多么重复的工作也会是享受，以为世界的温暖和美好随处可以触摸。纯真的女人比钻石还稀少，比带露的花朵还要美一万倍！

纯真的女人可能也曾上过当、受过伤，有过不堪的经历、破碎的生活，但即使她们的情感处于苦闷、孤独与黑暗中，她们依然会保有对爱的信仰。这信仰就如出淤泥而不染的荷花一样纯真，又有着令人震撼的深刻。这样的女人总会带给我们太多的感动，这样一个物质化而浮躁的世界，能够做到洁身自好、独善其身，这不是迂腐落伍，而是一种坚持，一种执着，一种品质。只有纯真的女人才会有这种品质，而有了这种品质，一个女人就会成就美好。我们说纯真的女人如水，因为她像水一样的晶莹，像水一样的洁净，像水一样能洗涤世界的污垢，还世界以美好！

人人为我的时候依然博爱

爱是不经意间流露出的人格，但它和幸福是孪生姐妹。

女性的内在价值是通过多方面体现出来的。事业仅是价值的一部分，更多的是那种关心弱者的爱心。

任何一个女人，特别是那些为自己的事业和工作而奋斗的女人，千万不要因为事业而影响了个人的形象表现价值，不要因为繁重的工作而关闭自己的爱心之窗。那样的结果，即使你的穿着打扮再华贵和谐，也不能算是一个有气质、有韵味的女人。真正的女人是那些善于调整自我，充满爱心而优雅的女人。她们在生活的尘嚣中总能保持着一颗真挚的爱心，她们是最有魅力的、最成功的女人。

博爱的女人，她会关心自己身边的亲人、朋友，她会同情弱者，会伸出自己的双手，尽自己的所能去帮助那些需要帮助的人；她会关心环境问题，会担心生活在环境污染严重地区的小动物；她会为遭遇灾难和战争的人们祈求平安。

也许她没有能力去扭转世间的苦难，也许她没有能力去拯救战争中流离失所的人们。她用自己的爱温暖着她周围的生命，一点点驱走他们头顶上的乌云，让阳光慢性地挤进每一处阴暗的空间。当一张张曾经沮丧的脸上重新露出欢颜，她会感到无比的满足与愉悦。

生活中有了爱，寒冷的风雪也会变得温柔。

生活中有了爱，阻路的荆棘也会低头让步。

生活中有了爱，有时连死神也会生出慈爱之心。

在人人为我的时候，一个像天使一样博爱的女人吧，世界将会因你的存在而到处充满阳光！

不如人意的时候保持自强

自强的女人，拥有的东西不一定很多，但是，她却拥有一份富可敌国的财富——自强。正是这种精神使得世界如此美丽。

一个女人如果具备自强不息的精神，她的情感和心态就会充满活力，让她不会在消极、失败、成见、怀疑面前止步。那种对自己永不满足的态度表现到外面来，她就会不自觉地洋溢出生机与魅力。

真正令人心仪的，往往是具有精神品位的女人。容貌不能说不重要，但绝不是最重要，徒有其表，腹中空空的女性只能是昙花一现，最重要的是人的自强不息的精神，她使普通的女性也变得富有气质与魅力。

自强的女人，无论家庭、事业、交际，都能一帆风顺，偶尔出现的挫折、打击，总能被她们轻巧化去，一举手、一投足间，便能使事情向着有利于她们的方向转去。

自强的女人，也许会疲劳，因为自强会带来众人的期待和信任，会令她们走进一个又一个劳心劳力的圈子，但是，自强的她们，总有办法用最短的时间、最恰当的方式巧妙地处理妥当，在众人的赞叹声中，保持她们自信的微笑，给大家送去定心的精神动力。

自强的女人，不一定天姿国色，不一定闭月羞花，甚至可能相貌平平，但是，因为那份自强，她们瞬间便变得光彩耀人，变得淡雅高贵，因而，无论在哪个场合，她们都是最耀眼的焦点，而且永远不会因为容颜的衰老而失去自己的魅力。

自强的女人，拥有的东西不一定很多，但是，她却拥有一份富可敌国的财富——自强。

身处逆境的时候依然乐观

作为追求美丽的女人，不仅要保持身体健康，而且还希望心情愉快，每天感觉很爽。

一位作家曾写道："快乐是一种角度，从这边看是痛苦，换一边看未尝不是幸福。被刺到手时，你的快乐是因为它没有刺到眼睛。"不要奢望世界为我们而变，我们可以改变自己的态度。改变了自己，也就改变了一切。

天底下没有绝对的好事和绝对的坏事，有的只是你如何选择面对事情的态度。如果你凡事皆抱着消极的心态来对待，那么就算让你中了一千万的彩金，也是坏事一桩。因为你害怕中了彩金之后，有人会觊觎你的钱财。

生活中的不如意常常会不期而至：失恋、离婚、失业、疾病、丧失亲人……所罗门说：人有疾病，心能忍耐，也可承担；精神若已崩溃，一切就会成空。不幸来临，有的女人表现出心灰意冷，自暴自弃，让美丽在岁月蹉跎中枯萎；另一种女人则是直面生活，心在梦在，让精神的美丽永远摇曳在不屈的抗争里。

每个人的一生都会遇到诸多的不顺心，秉性柔弱的女人在遇到困境时，看不到前途的光明，抱怨天地的不公，甚至破罐子破摔，在精神上倒下；而秉性坚忍的女人在遇到困境时，能够泰然处之，认定活着就是一种幸福，无论是顺境还是逆境，都一样从容安静，积极寻找生活的快乐，不浪费生命的一分一秒，于黑暗之中向往光明，在精神上永远不倒。

其实，生活中很多事情真的降临到你头上，不管你愿不愿意接受，它都会来，这就要看你怎样对待它了。著名的台湾佛学大师海涛法师讲：当今社会，不是让你去改变谁的时候，而是你要懂得学会接受，以一个好的心态坦然地接受它。当你凡事都以乐观的心态去面对的时候，你会惊讶地发现，无论多么大的困难，都不是可怕的，世界原来竟是那么的美好，我们的生活处处都充满了阳光。

作为追求美丽的女人，不仅要保持身体健康，而且还希望心情愉快，每天感觉很爽。身心适应的真正尺度是什么？那就是对生活和你自己保持乐观的心态。

对于乐观自信的女人来说，即使在漆黑的夜晚，也能看到星星仍在闪烁；即使乌云再密，她仍然坚信太阳不久就会照耀头顶。她坦然地接纳生活中一切不幸的遭遇，微笑着犹如在接受一种财富。她没有抱怨，没有忧伤，反而感到光明、快乐。她对记者诉说着太多的高兴事，那眼睛里流露出灿烂光彩，那种欢快折射出的美丽，使整个世界都溢彩流光、灿烂无比！

压力如山的时候保持干练

只有不怕让生命负重，才能使生命如夏花灿烂。

让生命负重，人生才有压力，有压力才会产生前进的动力。生命因负重而走向成熟，也只有负重的人生才会收获累累的硕果。让生命负重，其实就是让人在压力下得到锻炼，增长才干。就像船，没有负重的船会被大浪掀翻，就像心灵，没有思想的心灵会飘浮如云。

不要让生活的压力将你压倒。我们在漫漫旅途中既要顶住压力坚持不懈地追求成功，也要在这个过程中体会快乐，在求知中享受生活，这样我们的一生才是幸福的。

很多人长期承受巨大压力的人难以保持聚精会神，观察能力减弱，经常遗忘正在思考或谈论的事情，甚至刚进行一半就中断了。他们的记忆范围缩小，对非常熟悉的事物的记忆力和辨别能力下降，实际的反应速度减慢；弥补的尝试可能导致莽撞的决策。这样，他们在处理和认知事物时错误百出，做出的决策令人怀疑，头脑没有能力准确地估价现存的条件并预料未来的后果。对现实的判断缺少效率，客观公平的评判能力降低，思维模式变得混乱无章，使肌肉放松、感觉良好的能力以及抛却烦恼和焦虑的能力下降，幻想并加大压力所带来的病痛，健康快乐的感觉消失殆尽。

他们精神萎靡不振，有一种不能对外界事物或内心世界产生影响的感觉产生，人生目标已荡然无存，兴趣爱好成了过眼云烟。这些反面影响是因人而异的，即使在遭受最大的压力时，也很少有人表露全部症状。严重的程度也是因人而异的，但这些症状表明了压力对你的影响。倘若你认识到自己身上有任何上述症状，你在受压力的侵害，都将是一个危险信号。我们面临压力时如果听任自己堆积烦恼，积存忧虑，再去污染别人的情绪，那就是在破坏自己的人生，损害自己的处境。这种破坏和损害往往是严重的，多方面的，并带有连锁反应，损害自己的身心健康的。

在一切对人不利的影响中，最使人颓丧、患病和短命夭亡的就是不良情绪和恶劣心境。相反，心理平衡，笑对人生，特别有利于身心健康。

我们应该明白：在我们的人生道路上，不如意的事十有八九。在处理压力时，如果心绪不佳，被自己的一时情绪所支配，就很容易失掉一个又一个锻炼自己的机会。记住，控制自己的情绪，正视压力的影响，不要让压力打垮自己。

生命历程中充满许多未知，等待我们去面对、去克服、去占领，勇气、耐力、渊博的知识以及生活的历练都将成为我们走向美好未来的铺路石。我们明智之处在于，把压力变成无穷的动力，永远保持干练的精神状态，推动我们走向梦想的领地。

浮华虚荣的世界里保持超然洒脱

每个人都有爱美之心和荣誉感，但超过了一定的度，就变成了虚荣心。女性同男性相比，内心更加感性些，更加看重表象化的东西，所以虚荣心几乎成了女性的“专利”，很多女性都有虚荣心，直接影响到了女性的生活幸福和工作成就。

虚荣心表现在行为上，主要是爱慕虚荣，盲目攀比，好大喜功，过分看重别人的评价，自我表现欲太强，有强烈的嫉妒心。

虚荣的女人喜欢盲目的攀比，渴望别人的认可奉承。为了满足自己的虚荣心，有的女人往往刻意制造出虚假现象和语言，让心中缥缈的幸福感在别人的眼里“真实”起来；通过夸大或捏造事实来虏获他人或肯定、或赞赏、或嫉妒等心理来消除内心的缺失。可事实上，虚荣通常会让女人失去更多。

虚荣心强的女性，在追求事业的发展时，不是把精力放在刻苦学习提高能力素质和踏踏实实干出成绩上，而是放在做表面文章、弄虚作假、哗众取宠以赢得领导的表扬上，结果事与愿违，坑了自己，害了事业。

虚荣心往往使女性失去清醒的头脑，迷失方向，在恋爱和选择配偶时，更加看重容貌、物质条件等外在的条件，虽然风光一时，满足了自己的虚荣心，但由于对方的人品、修养、才华、脾气性格等方面的欠缺，共同生活之后，才发现丈夫自私自利、缺乏责任心、修养较差、脾气暴躁等，如此一来，痛苦的只能是女人自己，只好叹息、后悔不已！

第八章

淡定的女人，职场敢拼不输阵

自信是面试中最重的砝码

面试过程中，自信自强、精神饱满、风趣乐观、有独到见解的女人，最能打动人心。

有的女性朋友在择业过程中畏首畏尾，还没到面试的时候就已经泄气了。为什么不多给自己一些信心呢？还是那句老话：成功从自信开始，自信是成功的基石。

幽默是自信的表现，是善于处理人际关系的反映。可以说，哪里有幽默，哪里就有活跃的气氛；哪里有幽默，哪里就有笑声和成功的喜悦。为此，在非常严肃、紧张、决定前途面试的时候，不妨来点幽默，不仅使自己放松，也使考官记住你，可能还会使你在面试中脱颖而出。

有些女人平时会和身边的人侃侃而谈，而往往遇到陌生的场面就会变得很怯场，如果在求职面试时怯场，就可能失去很多不错的就业岗位，那么如何去克服面试时的怯场呢？自信女人为您支招：

第一，对招聘单位和自己要有一个正确评价。相信自己能胜任此项工作。相信自己，没错的。

第二，穿着整洁大方，以增强自信心。

第三，放松心情，提升勇气，做几次深呼吸，可使你勇气倍增。

第四，刚见到面试官时，不妨主动有意大声说几句礼貌的话，做到先声夺人，从而消除紧张的心情。

第五，主动与主考官进行亲切交流，消除紧张情绪。

第六，当出现紧张局面时，不妨自嘲一下，说出自己的感受，可使自己变得轻松些。

第七，感到压力大时，不妨借间隙去发现别的应聘者在服饰、言语等方面的不足，以提高自信心。

第八，当与对方的谈话出现间隔时，不要急不可耐。抓紧理清自己思路，让对方觉得你是个沉着冷静的人。

第九，回答问题时一旦紧张，最好的办法就是放慢说话速度。加重语尾发音，说得缓慢响亮。

第十，要以平常心对待面试，做好受挫的心理准备。即使是面试失败，也不要自暴自弃。

美国一位职业指导专家认为，“21世纪人们首先应当学会的是充满自信地推荐自己的技能”。可见，在现代社会，面试过程中如何自信自如地把自己推荐给主考官是决定一生的大事。所以，每一个女人都应当高度重视，记住：自信是面试过程中最重的砝码，是进入职场的敲门砖。

做自己喜欢的职业

不妨把工作当成你的最爱吧。你正在做着你疯狂热爱的事情，你一刻也不肯离开它。

许多年轻的女性喜欢玩，认为工作是“枯燥”和“令人头痛”的。其实，你完全可以改变这种不正确的态度。

不妨把工作当成你的最爱吧。你正在做着你疯狂热爱的事情，你一刻也不肯离开它。你将慢慢地体会到，你的工作变得轻松简单了，你的工作效率也莫名其妙地提高了。一个专业可以有相关的许多职位，即便你热爱自己的专业，但却不满意那个环境，那就试试找个适合自己的地方吧。往往，只是一些环境的改变，就会激发你工作的天性，从而在你面前展现出一片宽广的大地。

在日常工作中，也许你会发现，即便你的专业对口，一个你不喜欢的环境也会令你心生不耐，进而怀疑自己是否选错了专业。其实，这不是你的问题，而是环境的关系。有时，也许你只要改变一下现在的工作环境，你就会有一个质的飞跃。

所以说，当你对现在的工作不满意的时候，一定要弄清楚不满意的真正原因是什么？是不喜欢这份工作，还是不喜欢这个环境？

有时候，一个专业可以有相关的许多职位，即便你热爱自己的专业，但却不满意那个环境，那就试试找个适合自己的地方吧。往往，只是一些环境的改变，就会激发你工作的天性，从而在你面前展现出一片宽广的天地。

职业或岗位的选择，是否与自身的特点相吻合，直接关系到人生事业的成败。那么，如何才能使自身特点与职业相吻合呢？

首先，注意性格与职业的匹配。

性格比能力重要。其原因是，一个人能力不足，可通过培训提高，一年不行，两年，两年不行，三年总可以开发出来。但一个人的性格与职业不匹配，要改变起来，就困难多了。所以，公司招聘新人时，将性格的测试放在首位，当性格与职业相匹配时，才对其能力进行测试考查。

单位选人重视人的性格，个人选择职业时更应对性格加以重视。你的事业成功与否，也你的性格密切相关。简单地说，如果你是一位典型的性格内向的人，见人就脸红，说话就紧张，选择营销工作，就难以做成生意，是不会有好业绩的。如果你的情绪易激动，起伏波动较大，控制力较弱，就不能去玩股票。

所以，在职业选择时，要充分地进行自我分析，认识自己的性格，并考虑其与职业的相互匹配。

其次，注意兴趣与职业的匹配。

在选择岗位时，不仅需要了解自己的性格，还需要了解自己的兴趣：有的人兴趣倾向于情感世界，活跃于人际关系领域；有的人则倾向于理智世界，在程序化的领域自由翱翔；有的人对智力操作感兴趣，对读书、写作、设计乐而不疲；有的人则对技能操作感兴趣，对摄影、绘画等兴趣盎然。不同的职业也需要不同的兴趣特征，一个擅长技能操作的人，靠他灵活的双手，在技能领域会得心应手，如果硬要把他的兴趣转移到理论探索上来，他就会感到无用武之地。正是这种兴趣上的差异，构成人们选择职业的重要依据。

更为重要的是，如果一个人选择的职业与自己的兴趣吻合，那么枯燥的工作也会觉得丰富多彩、趣味无穷，就会产生一种动力，自主地进行钻研，有时甚至能达到痴迷的程度。而痴迷就能深入，深入就能钻透，钻得透往往就会有惊人的发现，就会有丰硕的成果，就会有成功的人生。

最后，注意特长与职业的匹配。

在职业选择时，要特别注意特长与职业的匹配。很多人往往将兴趣当作特长，其实不尽然。比如你喜欢唱歌，那只是你的兴趣，而特长则是你的嗓音、音质等东西。只有兴趣，而你的音质不行，即便你白天唱，晚上唱，也难以成为歌唱家。

所以，要想获得事业的成功，还要注意发展你的特长，并将其与你的职业相匹配。

此外，选择职业时，还要考虑内外环境因素的影响。如果你能将这几个因素融为一体，权衡利弊，综合考虑，正确选择与你自身特点相适合的职业，那么，你离成功也就不远了。

世上没有卑微的工作

小事情其实正是大事业的开始，既然接受了这个职业，接受了这个岗位，就必须接受它的全部。

初入社会的女孩，切记，无论从事何种职业，你不但要在自己的岗位上做出成绩来，还要在自己做事的过程中，形成自己完美的职业精神以及高贵的品格。无论是做一个律师、一个医生、一个商人、一个职员、一个老师、一个公务员，还是一个家庭妇女时，你都不要忘记，你是在做一个保持自己风格的人；你是在做一个具有真正高尚品格的人。这样，你的职业生涯才能有重大的意义。

当你在为公司工作时，无论老板安排你在哪个位置上，都不要轻视自己的工作。小事情其实正是大事业的开始，既然接受了这个职业，接受了这个岗位，就必须接受它的全都。如果说一个清洁工人不能忍受垃圾的气味，她能成为一个合格的清洁工吗？如果一个接线员，不忍受工作的烦琐，她能成为一个合格的接线员吗？

那些在工作中推三阻四，老是埋怨环境，寻找各种借口为自己开脱的女人；那些只有才华，没有责任心，以善于要小聪明为荣的女人，需要记住：只要你依然在做某一位工作，就不要轻视它。轻视它，就等于轻视你自己。

敬业是能够获得好多回报的。即使暂时不能得到回报，最终的受益者依然是自己。记住：世上没有卑微的工作，无论做什么都要尽全力去做。

工作不单单是为了薪水

请记住：世界上最卑微的人，就是那些只为了薪水而工作的人。

不要只为薪水而工作，即使现在薪水微薄，未来也一定有所收获。从积极的态度来看，把工作看成一种经验的积累，任何一项工作都蕴含着无数成长的契机。人们钦佩的是那些不论老板是否在办公室，都会努力工作的人，那些尽心尽力完成自己工作的人。

刚跨入社会，每个女孩都希望能够得到一份有很高薪水的工作。的确，每个人都希望能够挣高薪，但女性更应该切切牢记，“不必太顾虑薪水的多少。而一定要注意工作本身所给予你们的报酬，比如发展你们的技能，增加对你们的考验，使你们的人格受人所尊敬等。”

在工作时，一定要时刻告诫自己：我要为自己的现在和将来而努力。无论工资收入是多还是少，都要清楚地认识到：那只是从工作中获得的一小部分。

要想在职场上成为一个成功人物，最好不要老是想着薪水的多少！在工作过程中，尽量发挥出自己的才能和智慧，努力提高工作效率，不断追求进步，积极地做好工作。这样，老板自然就会对你另眼相看。

正所谓“不计报酬，报酬更多”。因工作获得大量知识和经验，以及踏进成功者行列的各种机会，这才是有极大价值的酬报。

如果不管薪水如何低廉，对一切工作都愿付出至善的服务与至高的努力，成功应该指日可待。

如果你只专注自己的薪水，此外便再也没有其他目的。也就是说，在工作中，除了得到一份薪水之外，你没有远大理想，没有高尚目标，不关心薪水以外的任何东西，那么你的能力就无法提高，经验也就无法丰富，机会也就无法垂青于你，成功也就与你无缘了，那你无异于在自掘坟墓，自毁前程。

切记：世界上最卑微的人，就是那些只为了薪水而工作的人。如果一个女人轻视自己的工作，而且做得很粗陋，那么她决不会尊敬自己。工资袋中的区区之数的取得，只是工作的最低的动机。尽管这可以使你获得面包，是必要的。但除此之外，你还应该有高尚的追求，要做一个正直的人，要尽最大的努力去做那最正确的事。

好酒也怕巷子深

作为女人，如果想在现代社会谋得一席之地，除了自己努力之外，还要把握机会适时展现自己的优点。

古人所言“沉默是金”的年代，早已一去不复返，现代人如果不懂适时地包装好自己的形象，把握机会推销自己，就很难有出人头地的机会。

懂得推销自己的人，才容易快速成功。

受中国传统文化的影响，很多女人在职场中相较于男性多表现得比较含蓄和克制，许多时候是甘愿默默勤勉地去做自己不感兴趣的工作，也不愿积极向上司展示自己的才华，争取学有所用的位置，而寄希望于上司能看到自己的勤奋和能力，坐等伯乐的出现。

然而你要记住：再好的酒也怕巷子深。作为女人，如果想在现代社会谋得一席之地，除了自己努力之外，还要把握机会适时展现自己的优点。尽量利用传媒或是公开露面的机会，发表自己的看法，是一种推销自己的方式。

如何将自己的名声传播出去，并且在社会上取得一定的美誉度，是走向成功必经的一步。不论是在自己工作的团体里，或是在所参与的社会活动里，都应该要尽量争取表现的机会，让自己的风采尽情展现。

记住：好酒也怕巷子深。不要犹豫了，大胆地做自己的宣传大使吧！一个女人一旦有了名气和美誉度，还愁不成功吗？

姜并不总是老的辣

有勇气挑战权威，表现出她们的革新精神与不羁个性，在无棱无角的芸芸众生中很容易脱颖而出。

人们总是过分信赖权威，对专家权威做出的判断与方法深信不疑，往往作为真理而全盘接受。事实上，即便是某个领域的泰斗，他们也难免在判断上有失误。常言说：姜总是老的辣。其实，世上任何事情都不是绝对的。女性由于依赖性较强，更易犯这类错误。她们的口头禅是：这是前辈说的，没错；这是领导说的，没错。这种定势极不利于自身进步、成长。

自信的女人身在职场，她们可不愿做没有自己思想的乖乖女，她们拥有丰富知识和敏锐洞察力的她常有新鲜的与众不同的想法与观点，她们不会随声附和，人云亦云，即使是面对权威"老姜"，她们也能礼貌而坚定地陈述自己的不同意见。有勇气挑战权威，表现出她们的革新精神与不羁个性，在无棱无角的芸芸众生中很容易脱颖而出。

女性需要有怀疑权威的勇气，即能独立思考与判断，不人云亦云，不盲信盲从、盲目追随流行，更不要哗众取宠，不能为了讨好上司、老板、同事而放弃原则或失去立场，更不能不顾真理和正义。

如果你总是选择没有声音、没有意见，选择不问青红皂白，只站在人多或权力比较大的那一边，的确比较容易过日子，但是尽管短时间内会让你日子比较好过，却会让你在未来陷入更大的困境。

英国剧作家萧伯纳说："有自信心的人，可以化渺小为伟大，化平庸为神奇。"只要你充满自信，别人就会相信你。但是，所谓的自信并非自傲跋扈，而是不盲目依附他人。

在追求事业的道路上，每个人的条件不同、能力不同，那么就更应该掌握自己的方向，开创自己的道路，记住：姜并不总是老的辣，一味地相信他们，是对自己的最大束缚。

你所选择的路也许很狭窄，没有其他大路来得宽阔平坦，沿途也没有丰盈鲜美的花果，只有蜿蜒坎坷的荆棘，但只要坚持下去，那就是一条完全属于你的路。就算路途漫长而不平顺，但是尽头却海阔天空，那里如诗如画的美丽景色，将会是世上最动人的一角，只有你一个人能够看见。

以柔克刚真精彩

上天造出男女之别，就是要让女性的温柔体贴化冰成水，而水，从来是以柔克刚最有力的武器。

我们经常可以看到这样的女人，外表看起来文弱，随和，一副与世无争的样子，可是，只要单位里有任何好事，都少不了她的份，这令周围的人感到诧异：为什么好运总是降临到她的头上？

究其原因，这类女性懂得如何运用女性的优势。她性往往比那些外表坚强，个性突出，语言咄咄逼人的女人更有力量。

柔性作为女人拥有的特性，不仅为男人世界所认可，更是吸引和征服男人不可抵挡的力量。女人的柔性并非指女人的强弱，而是指女人的特性，女人特有的温柔、细致和耐性是女人的优势所在。懂得运用女性的特性，实质就是掌握了女人的生存手段和竞争方式。

人们常把女人比喻为水。水是柔性的东西，却可以融化、穿透坚硬的岩石，以柔克刚就是这个道理。可以说，上天造出女人的温柔体贴，就是叫你去“四两拨千斤”。

维纳斯是从神话中走出来的完美的女人。她拥有超凡的能力，她能得到她想要的一切。因此，维纳斯成了女性魅力的典范，她代表女性的温柔和美丽。其实，我们每一个女人都是潜在的维纳斯，每一个女人都是温和的、强大的，能够有所作为的。温柔细致是上天赐予女人的不同于男性的一份独特的财产。

女人一定不要小看自己温柔的一面，这种气质往往是你立身处世的最锋利的武器，这是只属于女人的隐蔽的强大权力。

要有一颗平常之心

智慧的女人是美丽的。美是一种魅力，美更是一种力量。而大气度和平常心是这种美的最有力表现。

女人贵在拥有“平常心”与“大气度”，有了平常心之后，才能在追求成功的过程中处变不惊。很难想象一个心胸狭小的女人能在职场、社交中谈笑风生。没有大气度也是很难成事的，因为没有大气度便不敢追求新奇之事，也不能突破陈规旧俗，当然也就很难取得好成绩。

据科学研究显示，女人的智商不低于男人，但为什么女人的成功率却大大低于男人呢？除了传统性别的限制外，最主要的原因是女人自身造成的。因此，改变思维方式是首要之举。平常心和大度非常重要，无论是作为领导者的你还是被领导的你。

不要指望自己的每一次付出都必然得到回报。如果你抱着一颗平常心，在日常的工作、生活中，多多体谅别人，你定会得到回报，而且是各方面的丰厚的回报。

不是每个人都能天生一副好脾气。好脾气是一种修养，它是你千百次的忍耐而完成的一种修炼；坏脾气是一把剑，它伤了别人，也伤害了你自己。逞一时口舌之快，而产生不好的后果，你认为值吗？话到嘴边等一会儿。如果说话前能静想上三分钟，你就会发现事情有很多种解决方式，而冷静与心平气和绝对是上策。

把别人的刁难看作是对自己的成全

在工作和生活中，一个女人遇到别人的刁难和中伤是不可避免的，但聪明自信的女人，把这种刁难和中伤看作是对自己的成全，总能从中获得动力，最终证明自己，赢得别人的信赖。

罗曼·罗丹曾说：“只有把抱怨别人和环境的心情，化为上进的力量，才是成功的保证。”的确，你只有感谢曾经折磨过自己的人或事，才能体会出那实际上短暂而有风险的生命意义；你只有懂得宽容自己不可能宽容的人，才能看见自己心中的远阔，才能重新认识自己。

灵活运用提高身价的各种途径

作为一名普通员工，如果安于原来的水平，不去提升自己的身价的话，那就永远是一个平凡者。

拿高薪，是职场中每个人的梦想。但究竟能拿多少钱，得由你的职场身价决定。什么是职场身价？自己的职场身价有多高？怎样有效提高职场身价？

一个人没文化，可以补，没技术，可以学。作为一名普通员工，如果安于原来的水平，不去提升自己的身价的话，那就永远是一个平凡者。不断提升自己的价值，关键是不要给自己设限。这种“限”不仅是指你觉得你能做的高度，同时还有你做的宽度。提升自己价值的过程，你不必在意老板有没有注意到，也不必计较你多做的事情会不会得到报酬。如果你能达到这种境界，你最终的价值必然决定了你不可替代的“身份”。

对于女人来说，提高身价的途径有多种，不论哪一种都需要努力和付出，以形成个人的核心竞争力。

（1）不断学习，提高身价

如果说除了生命之外我们还有一样东西不可放弃的话，那就是学习。在形势瞬息万变的今天，唯有不断地学习，你才能有竞争力，只有不断钻研，才能站稳脚跟，只有不断提高，才不会被别人超越。职场的竞争规则是强者胜，老板的用人标准是能者上。即使你曾经风光过，如果停步不前，可能很快就会被甩在后面而遭冷落，最后悲惨出局。

不学习就会缺乏知识，缺乏知识的人，意味着缺少竞争的真正资本。凡是从普通走向不凡的人，都注重培养自己求知求学的能力，靠学习战胜工作中的难点，靠学习让自己发光，让老板的眼球转向自己。

（2）强化能力，晋升提价

职业身价有多高，不一定非要拿到市场上去衡量。如果方法得当、职业定位清晰，不需要太大变动，也可以产出更高的职业价值。换言之，在公司内部寻求晋升，提高公司对你的价值预估，也能令身价大涨。

利用内部晋升达到“升值”的目的，不失为一个好方法，其基础是才华出众、综合能力强，能形成核心竞争力。要做到这一点，首先要了解自己的长处和劣势，明晰职业定位；然后构建一个身价坐标图，分别制订出短期、中期、长期发展计划，从知识、技能、人际关系等方面提升自己。总之，你安身立命的本领越高，你就越值钱，这是从同事中脱颖而出的前提。

（3）找准方向，跳槽增值

跳槽，是提高身价的一种常用做法。据相关调查显示，85%的中层员工认为通过跳槽可以实现自我提升，获得更大的发展空间。

在跳槽过程中，只要精心包装过去的工作成绩，充分展示自己的核心竞争力，提高身价并非难事。不过，“跳槽增值”的基础是跳对方向。跳槽者要在充分了解职位的基础上，仔细分析自身实力。如果发现自己和岗位的要求不太相符，就要当机立断，选择放弃。就个人发展而言，还是应该稳扎稳打、厚积薄发，等个人能力真正达到一定层次后，再寻找升值的机会。跳槽是钥匙，但不是万能钥匙。

找出你真正喜欢做的事，努力使自己在这个方面更加出色，不断升值，其他的事情自然就迎刃而解了。记住，成功永远属于有准备的人。